高等职业院校公共基础课教材
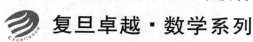复旦卓越·数学系列

高等数学练习册

主　编　杨光昊　李　伟　芦　艺

副主编　计　伟　甘　静　任祉静　李　谊

编　著（按姓氏笔画排列）

　　　　王雪娇　余文财　张　宜　陈小丹　杨万梅

　　　　高利群　曹　烁　黄　瑛　滕　可

主　审　熊　力

复旦大学出版社

内 容 提 要

本书为复旦大学出版社出版的《高等数学》的配套练习册. 每节均配有 A 组（适合工程类）和 B 组（适合经管类）两组习题，每组习题应在课后 0.5 小时以内完成. 每章还配有 A 组（适合工程类）和 B 组（适合经管类）两组复习题，每组复习题应在 1 小时以内完成. 全书配有 A 组（适合工程类）和 B 组（适合经管类）6 套模拟试卷，分别对应一般程度、中等难度、专升本 3 个层级. 本书共 5 章，具体包括函数与极限、导数与微分、导数的应用、不定积分、定积分.

本书可作为高职高专学生的高等数学课程配套用书，也可作为行业岗位培训或自学用书，同时可供成人高职高专学生学习参考.

目 录

第1章 函数与极限 …… 1
习题1-1 函数
  A组 …… 3
  B组 …… 5
习题1-2 函数的极限
  A组 …… 7
  B组 …… 9
习题1-3 极限的运算
  A组 …… 11
  B组 …… 13
习题1-4 无穷小及其比较
  A组 …… 15
  B组 …… 17
习题1-5 函数的连续性
  A组 …… 19
  B组 …… 21
复习题一
  A组 …… 23
  B组 …… 27

第2章 导数与微分 …… 31
习题2-1 导数的概念——函数变化速率的数学模型
  A组 …… 33
  B组 …… 35
习题2-2 导数的运算(一)
  A组 …… 37
  B组 …… 39
习题2-3 导数的运算(二)
  A组 …… 41
  B组 …… 43
习题2-4 微分——函数变化幅度的数学模型
  A组 …… 45
  B组 …… 47

复习题二
  A组 …… 49
  B组 …… 53

第3章 导数的应用 …… 57
习题3-1 函数的单调性与极值
  A组 …… 59
  B组 …… 61
习题3-2 函数的最值——函数最优化的数学模型
  A组 …… 63
  B组 …… 65
习题3-3 一元函数图形的描绘
  A组 …… 67
  B组 …… 69
习题3-4 洛必达法则
  A组 …… 71
  B组 …… 73
习题3-5 导数在经济领域中的应用举例
  A组 …… 75
  B组 …… 77
复习题三
  A组 …… 79
  B组 …… 85

第4章 不定积分 …… 91
习题4-1 不定积分的概念与积分的基本公式和法则
  A组 …… 93
  B组 …… 95
习题4-2 换元积分法
  A组 …… 97
  B组 …… 99
习题4-3 分部积分法

A 组 …………………………………… 101
　　B 组 …………………………………… 103
复习题四
　　A 组 …………………………………… 105
　　B 组 …………………………………… 109

第 5 章　定积分 …………………………… 113
　习题 5-1　定积分的概念
　　A 组 …………………………………… 115
　　B 组 …………………………………… 117
　习题 5-2　定积分的性质
　　A 组 …………………………………… 119
　　B 组 …………………………………… 121
　习题 5-3　定积分的计算
　　A 组 …………………………………… 123
　　B 组 …………………………………… 125
　习题 5-4　定积分的应用

　　A 组 …………………………………… 127
　　B 组 …………………………………… 129
复习题五
　　A 组 …………………………………… 131
　　B 组 …………………………………… 137

模拟试卷 ……………………………………… 141
　模拟试卷一
　　A 组 …………………………………… 143
　　B 组 …………………………………… 147
　模拟试卷二
　　A 组 …………………………………… 151
　　B 组 …………………………………… 157
　模拟试卷三（专升本模拟试卷）
　　A 组 …………………………………… 163
　　B 组 …………………………………… 166

第 1 章　函数与极限

第1章　西欧と極東

学校_____   班级_____   姓名_____   评分_____

习题 1-1　函数　A 组

一、选择题

1. 下列函数是奇函数的有(　　).
   A. x^{2n+1}（n 为正整数）　　　B. $\cos x$
   C. 常数函数 C　　　　　　　　　D. x^{2n}（n 为正整数）

2. 下列函数在其定义域内是有界函数的有(　　).
   A. $y = \log_a x$　　　　　　　　　B. $y = \tan x$
   C. $y = \arctan x$　　　　　　　　D. $y = \cot x$

3. 下列关于复合函数的说法，错误的是(　　).
   A. 不是任意的两个函数都可以复合成复合函数
   B. 复合函数可以由两个以上的函数复合而成
   C. 复合函数一定是初等函数
   D. 复合函数中，内层函数的值域与外层函数的定义域的交集必须为非空集

二、填空题

4. $y = \sqrt{x+3} - \dfrac{2}{x^2-1}$ 的定义域是_____.

5. $y = \arctan x$ 的单调增区间是_____.

6. 设 $f(x) = \begin{cases} x, & x \leqslant 0, \\ 1, & x > 0, \end{cases}$ 则 $f(-x) = $_____.

三、判断题

7. $y = 3\sin\left(\dfrac{\pi}{2}x + \dfrac{\pi}{6}\right)$ 的最小正周期为 2π.　　　　　　　　　(　　)

8. 求定义域时，若函数表达式中含有 $\arcsin \varphi(x)$ 或 $\arccos \varphi(x)$，则需满足 $|\varphi(x)| \leqslant 1$.
　　　　　　　　　　　　　　　　　　　　　　　　　　　　　　　　　　(　　)

四、解答题

9. 判断函数 $f(x) = \begin{cases} 1-x, & x \leqslant 0, \\ 1+x, & x > 0 \end{cases}$ 的奇偶性.

10. 判断函数 $y = 2^x$ 在区间 $(-\infty, 0)$，$(0, +\infty)$，$(0, 1)$ 上是否有界.

11. 求出由下列函数复合而成的函数：
(1) $y = u^4$，$u = \sin x$；
(2) $y = \sin u$，$u = x^2 + 1$；
(3) $y = e^u$，$u = \cos v$，$v = 2x + 1$；
(4) $y = \lg u$，$u = 2^v$，$v = \cos w$，$w = 5x$.

12. 指出下列复合函数的结构：
(1) $y = (3 - x)^{50}$；
(2) $y = \tan^3(5x + 1)$；
(3) $y = \log_a \tan(x - 1)$；
(4) $y = \cos^3 \ln(x^2 + 2x + 1)$.

13. 若 $f(x) = (x+1)^2$，$g(x) = \dfrac{1}{x-1}$，求：
(1) $f[g(x)]$；(2) $g[f(x)]$；(3) $f(x^2)$；(4) $g(x+1)$.

学校_____   班级_____   姓名_____   评分_____

习题 1-1　函数　B 组

一、选择题

1. 函数 $y = \dfrac{1}{2x}\ln(1+x)$ 的定义域是(　　).

   A. $\{x \mid x \neq 0 \text{ 且 } x \neq -1\}$　　　　B. $\{x \mid x \geqslant 0\}$
   C. $\{x \mid x > -1\}$　　　　D. $\{x \mid x > -1 \text{ 且 } x \neq 0\}$

2. 下列函数在其定义域内是有界函数的是(　　).

   A. $y = x$　　　　B. $y = \log a^x$
   C. $y = \sin x$　　　　D. $y = \tan x$

3. 下列 4 组函数中，$f(x)$ 与 $g(x)$ 表示相等函数的是(　　).

   A. $f(x) = x$，$g(x) = (\sqrt{x})^2$　　　　B. $f(x) = x$，$g(x) = \sqrt[3]{x^3}$
   C. $f(x) = 1$，$g(x) = \dfrac{x}{x}$　　　　D. $f(x) = x$，$g(x) = |x|$

二、填空题

4. $y = \sqrt{x^2 - 4}$ 的定义域是_____.

5. $y = \cos x$ 的单调递增区间是_____.

6. 用区间表示邻域：$U(3, 1) =$ _____　$\mathring{U}(3, 1) =$ _____.

三、判断题

7. 奇函数与偶函数的乘积是奇函数.　　　　　　　　　　　　　　　　　　(　　)

8. 已知函数 $f(x) = \sin\left(\omega x + \dfrac{\pi}{7}\right)$ 的周期为 3，则 $\omega = 2\pi$.　　　　(　　)

四、解答题

9. 求下列函数的定义域：

   (1) $y = \sqrt{3x + 2}$；　　　　(2) $y = \ln x^2$；

(3) $y=\sqrt{x+2}-\dfrac{1}{1-x^2}$;

(4) $y=\sqrt{x^2-4}-\lg(x-2)$.

10. 判断下列函数的奇偶性：
(1) $f(x)=\tan x$;

(2) $f(x)=x^3+x^2+1$.

11. 判断函数 $y=\dfrac{1}{x}$ 在 $(-\infty, 0)$, $(0, 1)$, $(1, +\infty)$ 上是否有界.

12. 将下列函数复合成一个函数：
(1) $y=u^3$, $u=\tan x$;

(2) $y=e^u$, $u=\sin v$, $v=x^2+1$.

13. 指出下列复合函数的结构：
(1) $y=\cos^2 x$;

(2) $y=(x^2+5)^{100}$;

(3) $y=\ln(2+x)^5$.

学校_____   班级_____   姓名_____   评分_____

习题 1-2 函数的极限 A 组

一、选择题

1. 设 $\operatorname{sgn} x = \begin{cases} -1, & x < 0, \\ 0, & x = 0, \\ 1, & x > 0 \end{cases}$（通常称 $\operatorname{sgn} x$ 为符号函数），下列说法正确的是（   ）.

   A. $\lim\limits_{x \to 0^-} \operatorname{sgn} x = -1$　　　　　　　B. $\lim\limits_{x \to 0^+} \operatorname{sgn} x = -1$

   C. $\lim\limits_{x \to 0} \operatorname{sgn} x = 0$　　　　　　　　D. $\lim\limits_{x \to 0} \operatorname{sgn} x = -1$

2. 设 $f(x) = \arctan x$，下列说法正确的是（   ）.

   A. $\lim\limits_{x \to +\infty} f(x) = \dfrac{\pi}{2}$　　　　　　B. $\lim\limits_{x \to -\infty} f(x) = \dfrac{\pi}{2}$

   C. $\lim\limits_{x \to \infty} f(x) = \dfrac{\pi}{2}$　　　　　　D. $\lim\limits_{x \to \infty} f(x)$ 可能不存在

3. 如果 $\lim\limits_{x \to x_0^+} f(x)$ 与 $\lim\limits_{x \to x_0^-} f(x)$ 存在，则（   ）.

   A. $\lim\limits_{x \to x_0} f(x)$ 存在，且 $\lim\limits_{x \to x_0} f(x) = f(x_0)$

   B. $\lim\limits_{x \to x_0} f(x)$ 存在，但不一定有 $\lim\limits_{x \to x_0} f(x) = f(x_0)$

   C. $\lim\limits_{x \to x_0} f(x)$ 不一定存在

   D. $\lim\limits_{x \to x_0} f(x)$ 一定不存在

二、填空题

4. 若 $\lim\limits_{x \to +\infty} f(x) = \lim\limits_{x \to -\infty} f(x) = A$，那么 $\lim\limits_{x \to \infty} f(x) = $ _____.

5. 若 $\lim\limits_{x \to x_0} f(x) = A$，且在 x_0 的某个邻域内恒有 $f(x) \geqslant 0$，则有 _____.

三、判断题

6. 如果 $\lim\limits_{x \to x_0} f(x)$ 存在，那么 $f(x)$ 在点 x_0 一定有定义.　　　　　　　　（   ）

7. 当 $x \to x_0$ 时，函数 $f(x)$ 在点 x_0 的函数值一定是其极限值.　　　　　　　　（   ）

8. 单调有界数列必有极限.　　　　　　　　　　　　　　　　　　　　　　　　　（   ）

四、解答题

9. 画出函数 $f(x) = 3^{-x}$ 的图像，并求出 $\lim\limits_{x \to +\infty} f(x)$.

10. 设函数 $f(x)=\begin{cases} x^2, & x>0, \\ x, & x\leqslant 0, \end{cases}$ 作出 $f(x)$ 的图像,并讨论 $x\to 0$ 时函数 $f(x)$ 的左右极限.

11. 已知函数 $f(x)=\begin{cases} 1-2x, & x<0, \\ x^2, & x\geqslant 0, \end{cases}$ 求 $\lim\limits_{x\to 0^+}f(x), \lim\limits_{x\to 0^-}f(x)$,并判断 $\lim\limits_{x\to 0}f(x)$ 是否存在.

12. 已知函数 $f(x)=\begin{cases} 2x-1, & x<0, \\ 0, & x=0, \\ x+2, & x>0, \end{cases}$ 求 $\lim\limits_{x\to 0^+}f(x), \lim\limits_{x\to 0^-}f(x)$,并判断 $\lim\limits_{x\to 0}f(x)$ 是否存在.

13. 已知函数 $f(x)=\begin{cases} 3x-1, & -1<x<1, \\ 3, & x=1, \\ x^2, & 1<x<2, \end{cases}$ 求 $\lim\limits_{x\to 0}f(x), \lim\limits_{x\to 1}f(x)$ 及 $\lim\limits_{x\to \frac{3}{2}}f(x)$.

学校_____   班级_____   姓名_____   评分_____

习题 1-2　函数的极限　B 组

一、选择题

1. 设 $f(x)=x^2+2x+1$，下列说法正确的是(　　).
   A. 当 $x\to 0$ 时，$f(x)$ 一定有极限
   B. 当 $x\to +\infty$ 时，$f(x)$ 一定有极限
   C. 当 $x\to -\infty$ 时，$f(x)$ 一定有极限
   D. 当 $x\to \infty$ 时，$f(x)$ 一定有极限

2. 设 $\operatorname{sgn} x=\begin{cases}-1, & x<0,\\ 0, & x=0,\\ 1, & x>0\end{cases}$（通常称 $\operatorname{sgn} x$ 为符号函数），下列说法正确的是(　　).
   A. $\lim\limits_{x\to 0^-}\operatorname{sgn} x=1$
   B. $\lim\limits_{x\to 0^+}\operatorname{sgn} x=1$
   C. $\lim\limits_{x\to 0}\operatorname{sgn} x=0$
   D. $\lim\limits_{x\to 0}\operatorname{sgn} x=-1$

3. 若函数 $f(x)$ 在某点 x_0 极限存在，则(　　).
   A. $f(x)$ 在 x_0 的函数值必存在，且等于极限值
   B. $f(x)$ 在 x_0 的函数值必存在，但不一定等于极限值
   C. $f(x)$ 在 x_0 的函数值可以不存在
   D. 如果 $f(x_0)$ 存在的话，必等于极限值

二、填空题

4. 极限 $\lim\limits_{x\to\infty}f(x)=A$ 的充要条件是_____.

5. 极限 $\lim\limits_{x\to x_0}f(x)=A$ 的充要条件是_____.

6. 若 $\lim\limits_{x\to x_0}f(x)=A$ 且 $A>0$，则在 x_0 的某个领域内恒有_____.

三、判断题

7. 如果 $\lim\limits_{x\to x_0^+}f(x)$ 与 $\lim\limits_{x\to x_0^-}f(x)$ 存在，则 $\lim\limits_{x\to x_0}f(x)$ 一定存在.　　(　　)

8. 当 $x\to 1$ 时，函数 $f(x)=3x^2+x+1$ 的极限是 5.　　(　　)

四、解答题

9. 观察 $x\to\infty$ 时，函数 $f(x)=\dfrac{2x+1}{x}$ 的极限.

10. 观察 $x \to 1$ 时,函数 $f(x) = \dfrac{x^2-1}{x-1}$ 的极限.

11. 画出函数 $f(x) = 2^x$ 的图像,并求出 $\lim\limits_{x \to -\infty} f(x)$.

12. 试作出 $f(x) = \begin{cases} x^2, & x \neq 0, \\ 1, & x = 0 \end{cases}$ 的图像,并求出 $\lim\limits_{x \to 0} f(x)$.

13. 已知函数 $f(x) = \begin{cases} x, & x < 0, \\ 2, & x = 0, \\ x^2 - 1, & x > 0, \end{cases}$ 求出在 $x=0$ 处的左右极限,并讨论在 $x=0$ 其极限是否存在.

学校_____   班级_____   姓名_____   评分_____

习题 1-3　极限的运算　A 组

一、选择题

1. 若 $\lim\limits_{x\to x_0} f(x)$ 存在，$\lim\limits_{x\to x_0} g(x)$ 不存在，则（　　）.

   A. $\lim\limits_{x\to x_0}[f(x)+g(x)]$ 一定不存在
   B. $\lim\limits_{x\to x_0}[f(x)+g(x)]$ 不一定存在
   C. $\lim\limits_{x\to x_0}[f(x)\cdot g(x)]$ 一定不存在
   D. $\lim\limits_{x\to x_0}[f(x)\cdot g(x)]$ 一定存在

2. 若 $f(x)=\dfrac{|x-1|}{x-1}$，则 $\lim\limits_{x\to 1} f(x)$ 是（　　）.

   A. 0　　　　B. -1　　　　C. 1　　　　D. 不存在

3. 下列关于 $\lim\limits_{x\to\infty}\dfrac{a_0x^n+a_1x^{n-1}+\cdots+a_n}{b_0x^m+b_1x^{m-1}+\cdots+b_m}$ ($a_0\neq 0$，$b_0\neq 0$) 的说法，错误的是（　　）.

   A. 当 $m>n$ 时，所求极限为 0

   B. 当 $m<n$ 时，所求为 ∞

   C. 当 $m=n$ 时，所求极限为 $\dfrac{a_0}{b_0}$

   D. 原式可化为 $\dfrac{\lim\limits_{x\to\infty}(a_0x^n+a_1x^{n-1}+\cdots+a_n)}{\lim\limits_{x\to\infty}(b_0x^m+b_1x^{m-1}+\cdots+b_m)}=\dfrac{\infty}{\infty}=1$

二、填空题

4. 已知 a，b 为常数，$\lim\limits_{x\to\infty}\dfrac{ax^2+bx+1}{2x-1}=3$，则 $a=$ _____，$b=$ _____.

5. $\lim\limits_{x\to\infty} x\sin\dfrac{\pi}{x}=$ _____.

三、判断题

6. $\lim\limits_{x\to 2}\left(\dfrac{1}{x-2}-\dfrac{4}{x^2-4}\right)=\lim\limits_{x\to 2}\dfrac{1}{x-2}-\lim\limits_{x\to 2}\dfrac{1}{x^2-4}=\infty-\infty$.　　（　　）

7. $\lim\limits_{x\to 3}\dfrac{x^2-9}{x-3}=\dfrac{\lim\limits_{x\to 3}(x^2-9)}{\lim\limits_{x\to 3}(x-3)}=\dfrac{0}{0}=1$.　　（　　）

8. $\lim\limits_{x\to 0}\dfrac{\sin(x-1)}{x-1}=1$.　　（　　）

四、解答题

9. 计算下列极限：

(1) $\lim\limits_{x \to 2}(x^2 - 3x + 1)$；

(2) $\lim\limits_{x \to 2} \dfrac{x^3 - 2}{x^2 - 5x + 3}$；

(3) $\lim\limits_{x \to 1} \dfrac{x^2 - 1}{x + 1}$；

(4) $\lim\limits_{x \to \infty}\left(1 + \dfrac{1}{x^2}\right)$.

10. 计算下列极限：

(1) $\lim\limits_{x \to 1}\left(\dfrac{1}{1-x} - \dfrac{3}{1-x^3}\right)$；

(2) $\lim\limits_{x \to \infty} \dfrac{4x^5 + 7x + 1}{x^5 + 5x^3 - 3x}$.

11. 计算下列极限：

(1) $\lim\limits_{x \to 0} \dfrac{\sqrt{1-x} - 1}{x}$；

(2) $\lim\limits_{x \to +\infty}(\sqrt{1 + x + x^2} - \sqrt{1 - x + x^2})$；

(3) $\lim\limits_{x \to \infty}(\sqrt{x+1} - \sqrt{x})\sqrt{x}$.

12. 计算下列极限：

(1) $\lim\limits_{x \to \infty} x \tan \dfrac{1}{x}$；

(2) $\lim\limits_{x \to -1} \dfrac{\sin(x+1)}{2(x+1)}$；

(3) $\lim\limits_{x \to 0} \dfrac{\sin 3x}{\sin 5x}$；

(4) $\lim\limits_{x \to +\infty} 2^x \sin \dfrac{1}{2^x}$.

13. 计算下列极限：

(1) $\lim\limits_{x \to 0}(1-x)^{\frac{1}{x}}$；

(2) $\lim\limits_{x \to \infty}\left(\dfrac{x+1}{x}\right)^{3x}$；

(3) $\lim\limits_{x \to 0}(1-3x)^{\frac{1}{x}}$；

(4) $\lim\limits_{x \to \infty}\left(1 + \dfrac{a}{x}\right)^{bx+c}$ (a，b，c 是整数).

学校_____   班级_____   姓名_____   评分_____

习题 1-3 极限的运算 B 组

一、选择题

1. 若 $f(x) = \dfrac{(x-1)^2}{x^2-1}$，$g(x) = \dfrac{x-1}{x+1}$，则（   ）.

   A. $f(x) = g(x)$
   B. $\lim\limits_{x \to 1} f(x) = g(x)$
   C. $\lim\limits_{x \to 1} f(x) = \lim\limits_{x \to 1} g(x)$
   D. 以上等式都不成立

2. 下列等式错误的是（   ）.

   A. $\lim\limits_{x \to 0^+} (1+x)^{\frac{1}{x}} = e$
   B. $\lim\limits_{x \to 0^+} (1-x)^{\frac{1}{x}} = e$
   C. $\lim\limits_{x \to +\infty} \left(1 - \dfrac{1}{x}\right)^{-x} = e$
   D. $\lim\limits_{x \to \infty} \left(1 + \dfrac{1}{x}\right)^{x} = e$

3. 若 $\lim\limits_{x \to 0} \dfrac{\sin kx}{2x} = 2$，则 $k = $（   ）.

   A. 1   B. 2   C. 3   D. 4

二、填空题

4. $\lim [f(x)]^n$ (n 为正整数) = _____.

5. $\lim\limits_{x \to 0} \dfrac{\sin bx}{\sin ax} = $ _____.

6. $\lim\limits_{x \to \infty} \left(1 + \dfrac{a}{x}\right)^{bx+c}$ (a, b, c 为整数) = _____.

三、判断题

7. $\lim\limits_{x \to \infty} \dfrac{3x^3 + 1}{x^3 + 4x - 5} = \dfrac{\lim\limits_{x \to \infty}(3x^2 + 1)}{\lim\limits_{x \to \infty}(x^3 + 4x - 5)} = \dfrac{\infty}{\infty} = 1$.   (   )

8. $\lim\limits_{x \to \infty} \left(1 - \dfrac{1}{x}\right)^x = e$.   (   )

四、解答题

9. 求下列函数的极限：

   (1) $\lim\limits_{x \to 2}(x^2 - 3x + 1)$；

   (2) $\lim\limits_{x \to 1} \dfrac{x-1}{x^2-1}$.

10. 求下列函数的极限：

(1) $\lim\limits_{x\to\infty}\dfrac{3x^3+4x^2+2x+1}{4x^3-x^2+3x-1}$；

(2) $\lim\limits_{x\to\infty}\dfrac{3x^4+2x^2+x}{2x^5+3x^2+1}$.

11. 求下列函数的极限：

(1) $\lim\limits_{x\to 0}\dfrac{\tan 4x}{x}$；

(2) $\lim\limits_{x\to 0}\dfrac{\sin 2x}{\sin 3x}$.

12. 求下列函数的极限：

(1) $\lim\limits_{x\to 0} x\cdot\cot 3x$；

(2) $\lim\limits_{x\to 0}(1+x)^{\frac{1}{x}}$.

13. 求下列函数的极限：

(1) $\lim\limits_{x\to\infty}\left(\dfrac{1+x}{x}\right)^{2x+1}$；

(2) $\lim\limits_{x\to\infty}\left(1+\dfrac{3}{x}\right)^{x}$.

学校_____ 班级_____ 姓名_____ 评分_____

习题 1-4 无穷小及其比较 A 组

一、选择题

1. 已知 $f(x) = 2 - \dfrac{2\sin x}{x}$，若 $f(x)$ 为无穷小量，则 x 的趋向必须是（　　）.

   A. $x \to +\infty$　　　　　　　　　　B. $x \to \infty$

   C. $x \to 1$　　　　　　　　　　　　D. $x \to 0$

2. 当 $x \to 0$ 时，$x^3 - x$ 是 $\sin x$ 的（　　）无穷小.

   A. 高阶　　　　B. 同阶　　　　C. 等价　　　　D. 低阶

3. 下列变量在给定变化过程中，不是无穷大量的是（　　）.

   A. $\dfrac{x}{\sqrt{x^3+4}}\,(x \to +\infty)$　　　　　　B. $e^{-\frac{1}{x}}\,(x \to 0^-)$

   C. $\lg x + 2\,(x \to 0^+)$　　　　　　　D. $\lg x\,(x \to +\infty)$

二、填空题

4. 当 $x \to 0$ 时，$2x - x^2$ 与 $x^2 - x^3$ 相比，_____ 是高阶无穷小.

5. 当 $x \to 0$ 时，$2x + a\sin x$ 与 x 是等价无穷小，则常数 a 等于_____.

三、判断题

6. 函数 $y = \dfrac{x+2}{x-1}$，当 $x \to -2$ 时，无穷小；当 $x \to 0$ 时，无穷大.　　（　　）

7. 函数 $y = \lg x$，当 $x \to 1$ 时，无穷小；当 $x \to \infty$ 时，无穷大.　　（　　）

8. 函数 $y = 3^x$，当 $x \to +\infty$ 时，无穷小；当 $x \to -\infty$ 时，无穷大.　　（　　）

四、解答题

9. $\lim\limits_{x \to 0} \dfrac{(1+x^2)^{\frac{2}{3}} - 1}{\cos x - 1}$.

10. $\lim\limits_{x\to 0}\dfrac{\sin x}{x^3+4x}$.

11. $\lim\limits_{x\to 2}\dfrac{x^2-4}{\sin(x-2)}$.

12. $\lim\limits_{x\to 0^+}\dfrac{\sin 5x}{\sqrt{1-\cos x}}$.

13. 已知当 $x\to 0$ 时，$(\sqrt{1+ax^2}-1)$ 与 $\sin^2 x$ 是等价无穷小，求 a 的值.

学校_____   班级_____   姓名_____   评分_____

习题 1-4 无穷小及其比较 B 组

一、选择题

1. 下列 4 种趋向中,函数 $y=\dfrac{3}{x^3-1}$ 是无穷小量的为(   ).

   A. $x \to 0$　　　　B. $x \to 1$　　　　C. $x \to -1$　　　　D. $x \to +\infty$

2. 当 $x \to \infty$ 时,下列函数中为无穷小量的是(   ).

   A. e^{2x}　　　　B. $\sin x$　　　　C. $\ln x$　　　　D. $\dfrac{1}{x^2+1}$

3. 下列函数在 $x \to 0$ 时与 x^2 为同阶无穷小的是(   ).

   A. 2^x　　　　B. $x-\sin x$　　　　C. $1-\cos x$　　　　D. 2^x-2

二、填空题

4. $\lim\limits_{x \to 0} \dfrac{\sin 6x}{\tan 8x} = $ _____.

5. $\lim\limits_{x \to \infty} \dfrac{6\cos x}{x} = $ _____.

6. 当 $x \to 0^+$ 时,$\sqrt{x+\sqrt{x}}$ 是比 x _____ 的无穷小.

三、判断题

7. 已知 $f(x)=2-\dfrac{2\sin x}{x}$,若 $f(x)$ 为无穷小量,则 x 的趋向必须是 2.　　(   )

8. 当 $x \to 0$ 时,x^3+x 是 $\sin x$ 的等价无穷小.　　(   )

四、解答题

9. $\lim\limits_{x \to \infty} \dfrac{\arctan x}{x}$.

10. $\lim\limits_{n\to\infty}\dfrac{\cos n^2}{n}$.

11. $\lim\limits_{x\to 0}\dfrac{\ln(1+2x^2)}{\sin x^2}$.

12. $\lim\limits_{x\to 0}\dfrac{1-e^{3x}}{\tan 3x}$.

13. $\lim\limits_{x\to 0^-}\dfrac{1-e^{\frac{1}{x}}}{1+e^{\frac{1}{x}}}$.

14. $\lim\limits_{x\to 0}\dfrac{(1+x)^5-1}{e^x-1}$.

学校_____   班级_____   姓名_____   评分_____

习题 1-5 函数的连续性 A 组

一、选择题

1. 设 $f(x)=\begin{cases} \dfrac{x^2-3x+2}{x-2}, & x\neq 2, \\ a, & x=2 \end{cases}$ 为连续函数，则 a 等于（   ）.

   A. 1　　　　　　　B. 0　　　　　　　C. 2　　　　　　　D. 任意数值

2. 函数 $f(x)=\begin{cases} x+2, & x\leqslant 1, \\ 3-x, & x>1, \end{cases}$ 在 $x=1$ 间断是由于（   ）.

   A. $\lim\limits_{x\to 1^-}f(x)$ 不存在　　　　　　　　　B. $\lim\limits_{x\to 1^+}f(x)$ 不存在

   C. $f(x)$ 在 $x=1$ 处无定义　　　　　　　　D. $\lim\limits_{x\to 1^-}f(x)\neq \lim\limits_{x\to 1^+}f(x)$

3. 设函数 $f(x)=\begin{cases} \dfrac{1}{x}\sin x, & x<0, \\ a, & x=0, \\ x\sin\dfrac{1}{x}+b, & x>0, \end{cases}$ 则在 $x=0$ 处，下列结论不一定正确的是（   ）.

   A. 当 $a=b$ 时，$f(x)$ 右连续　　　　　　B. 当 $a=1$ 时，$f(x)$ 左连续

   C. 当 $b=1$ 时，$f(x)$ 一定连续　　　　　　D. 当 $a=b=1$ 时，$f(x)$ 必连续

二、填空题

4. 函数 $f(x)=\dfrac{\tan x}{x}$ 在 $x=0$ 处为_____间断点.

5. $\lim\limits_{x\to 3}\sqrt{\dfrac{x-3}{x^2-9}}=$ _____.　$\lim\limits_{x\to \frac{1}{2}}\sqrt{\dfrac{x-3}{x^2-9}}=$ _____.

6. 函数 $f(x)=\ln(1-x^2)$ 的连续区间是_____.

三、判断题

7. 可去间断点和跳跃间断点统称为第一类间断点，在可去间断点处函数一定没有定义.

   （   ）

8. 已知函数 $f(x)=\begin{cases} a+bx^2, & x\leqslant 0, \\ \dfrac{\sin bx}{x}, & x>0 \end{cases}$ 在 $x=0$ 处连续，则常数 a 与 b 满足 $a=b$.

   （   ）

四、解答题

9. $\lim\limits_{x \to \frac{\pi}{2}} \ln \sin x$.

10. $\lim\limits_{x \to +\infty} 3\cos(\sqrt{x+1} - \sqrt{x})$.

11. $\lim\limits_{x \to 0} \arcsin\left(\dfrac{\tan x}{x}\right)$.

12. 设函数 $f(x) = \begin{cases} (1-kx)^{\frac{1}{x}}, & x \neq 0 \\ \mathrm{e}, & x = 0 \end{cases}$，在点 $x = 0$ 处连续，求 k 的值.

13. 研究函数 $f(x) = \begin{cases} x, & 0 \leqslant x \leqslant 2 \\ 4-x, & 2 < x \leqslant 4 \end{cases}$ 的连续性，并画出函数的图像.

学校_____   班级_____   姓名_____   评分_____

习题 1-5 函数的连续性 B 组

一、选择题

1. 函数 $f(x)=\dfrac{\sqrt{4-x^2}}{x-2}$ 的连续区间是(　　)，$\lim\limits_{x\to 1}f(x)=(\ \ )$.

   A. $[-2, 2), -\sqrt{3}$ \qquad\qquad B. $[-2, 2], \sqrt{3}$
   C. $[-2, 2), \sqrt{3}$ \qquad\qquad D. $(-2, 2), -\sqrt{3}$

2. 若函数 $f(x)$ 在点 x_0 处连续，则下列说法错误的是(　　).

   A. $f(x)$ 在 x_0 处一定有定义 \qquad B. $\lim\limits_{x\to x_0}f(x)=f(x_0)$
   C. $\lim\limits_{x\to x_0}f(x)$ 一定有极限 \qquad D. $\lim\limits_{x\to x_0}f(x)\ne f(x_0)$

3. 点 $x=0$ 为函数 $f(x)=\dfrac{\sin 3x}{x}$ 的(　　).

   A. 连续点 \qquad\qquad B. 跳跃间断点
   C. 可去间断点 \qquad\qquad D. 第二类间断点

二、填空题

4. $x=0$ 是函数 $f(x)=2^{\frac{1}{x}}-2$ 的_____间断点.

5. 已知 $f(x)=\begin{cases} ae^x, & x<0, \\ b-1, & x=0, \\ bx+1, & x>0 \end{cases}$，在 $x=0$ 处连续，则 $a=$_____，$b=$_____.

6. 函数 $f(x)=\sqrt{x^2-25}$ 的连续区间是_____.

三、判断题

7. 点 $x=2$ 为函数 $f(x)=\dfrac{x^2-1}{x^2-3x+2}$ 的无穷间断点. (　　)

8. 点 $x=2$ 为函数 $f(x)=\begin{cases} x-3, & x\leqslant 2, \\ 1-x, & x>2 \end{cases}$ 的可去间断点. (　　)

四、解答题

9. $\lim\limits_{x\to 2}(3x^3-2)$.

10. $\lim\limits_{x \to 4} \sin \dfrac{x-4}{x^2-16}$.

11. $\lim\limits_{x \to \frac{\pi}{4}} \sqrt{\tan x}$.

12. 点函数 $f(x) = \begin{cases} e^x, & x < 0, \\ 4, & x = 0, \\ x+1, & x > 0, \end{cases}$ 函数 $f(x)$ 在 $x=0$ 处是否连续?

13. 已知函数 $f(x) = \begin{cases} 2x^2+1, & x \neq 0, \\ 2a+1, & x = 0 \end{cases}$ 在点 $x=0$ 处连续,求 a 值.

学校_____ 班级_____ 姓名_____ 评分_____

复习题一 A组

一、选择题

1. 函数 $f(x)=\sqrt{x^2-9}$ 的定义域是(　　).

   A. $[-3, 3]$
   B. $(-3, 3)$
   C. $(-\infty, -3] \cup [3, +\infty)$
   D. $(-\infty, -3) \cup (3, +\infty)$

2. 下列各对函数互为反函数的是(　　).

   A. $y=\sin x$，$y=\cos x$
   B. $y=3x$，$y=\dfrac{1}{3}x$
   C. $y=\tan x$，$y=\cot x$
   D. $y=e^x$，$y=-e^x$

3. 以下结论正确的是(　　).

   A. 函数 $y=x^3+1$ 是奇函数
   B. 函数 $y=\cos 2\pi$ 的最小周期是 2π
   C. 函数 $y=-\ln x$ 在 $(0, +\infty)$ 上单调增加
   D. 函数 $y=\dfrac{x^2}{1+x^2}$ 的定义域是 $(-\infty, +\infty)$

4. 当 $n\to\infty$ 时，下列数列中极限存在的是(　　).

   A. $(-1)^n \sin\dfrac{1}{n}$
   B. $(-1)^n n$
   C. $(-1)^n \dfrac{n}{n+1}$
   D. $[(-1)^n+1]^n$

5. $\lim\limits_{x\to\infty} e^x = ($　　$)$.

   A. 0
   B. $\sin\dfrac{1}{x+1}$
   C. ∞
   D. 不存在

6. $\lim\limits_{x\to\infty}\left(1-\dfrac{1}{x}\right)^{2x}=($　　$)$.

   A. e^2
   B. e^{-2}
   C. $e^{\frac{1}{2}}$
   D. $e^{-\frac{1}{2}}$

7. 函数 $f(x)=\begin{cases} e^{-\frac{1}{x-1}}, & x\neq 1 \\ 0, & x=1 \end{cases}$ 在点 $x=1$ 处(　　).

   A. 连续
   B. 不连续,但右连续
   C. 左、右都不连续
   D. 不连续,但左连续

8. 设函数 $f(x)=\begin{cases} e^{\frac{1}{x-1}}, & x<0 \\ \ln x, & x\geq 0 \end{cases}$，则 $x=1$ 是函数 $f(x)$ 的(　　).

   A. 可去间断点
   B. 连续点
   C. 无穷间断点
   D. 跳跃间断点

9. 函数 $y = \dfrac{3}{\ln|x|}$ 的间断点有（　　）.

　A. 1 个　　　　　B. 2 个　　　　　C. 3 个　　　　　D. 4 个

10. 下列 4 种趋向中，函数 $y = \dfrac{x(x-1)\sqrt{x+1}}{x^3-1}$ 不是无穷小的为（　　）.

　A. $x \to 0$　　　　B. $x \to -1$　　　　C. $x \to 1$　　　　D. $x \to +\infty$

二、填空题

11. $\lim\limits_{n\to\infty}\underbrace{\left(\dfrac{1}{n}+\dfrac{1}{n}+\cdots+\dfrac{1}{n}\right)}_{n\,个}=$ _____ .

12. $\lim\limits_{n\to\infty} x_n = 1$，则 $\lim\limits_{x\to\infty}\dfrac{x_{n-1}+x_n+x_{n+1}}{3}=$ _____ .

13. 由函数 $y = \log_6 u$，$u = \sin v$，$v = 1 - x^2$ 构成的复合函数为 _____ .

14. 设 $\lim\limits_{x\to 1}\left(\dfrac{a}{1-x^2} - \dfrac{x}{1-x}\right) = \dfrac{3}{2}$，则 $a =$ _____ .

15. 函数 $y = 1 - \cos(\sin x)$ 的等价无穷小量为 _____ $(x \to 0)$.

16. 函数 $f(x) = \sqrt{9-x^2} + \dfrac{1}{\sqrt{x^2-4}}$ 的连续区间是 _____ .

17. 设 $f(x) = \dfrac{1}{1+\mathrm{e}^{\frac{1}{x}}}$，则 $\lim\limits_{x\to 0^-} f(x) =$ _____，$\lim\limits_{x\to 0^+} f(x) =$ _____ .

18. 设函数 $f(x) = \begin{cases} x^2+1, & x > 0, \\ a+x, & x \leqslant 0 \end{cases}$ 在 $x = 0$ 处连续，则 $a =$ _____ .

19. 若 $\lim\limits_{x\to 0}\dfrac{\sqrt{x+1}-1}{\sin ax} = 1$，则 $a =$ _____ .

20. 已知 $\lim\limits_{x\to\infty}\left(1-\dfrac{2}{x}\right)^{px} = \mathrm{e}^2$，则 $p =$ _____ .

三、判断题

21. 已知函数 $f(x) = x^8 - x^4$，则 $f(x)$ 是偶函数.　　　　　　　　　　　　　　　（　　）

22. 两个函数 $y = x$，$y = (\sqrt{x})^2$ 是相同函数.　　　　　　　　　　　　　　　（　　）

23. $\lim\limits_{x\to\infty}\left(1+\dfrac{2}{x}\right) = 0$.　　　　　　　　　　　　　　　　　　　　　　（　　）

24. 设 $f(x) = \begin{cases} x-1, & x < 0, \\ 0, & x = 0, \\ x+1, & x > 0, \end{cases}$ 当 $x \to 0$ 时，$f(x)$ 的极限不存在.　（　　）

25. $\lim\limits_{x\to x_0^-} f(x) = \lim\limits_{x\to x_0^+} f(x)$ 是 $\lim\limits_{x\to x_0} f(x)$ 存在的充分不必要条件.　（　　）

26. $\lim\limits_{x\to\infty}\dfrac{3x^2-2x-1}{2x^3-x^2+5} = \dfrac{3}{2}$.　　　　　　　　　　　　　　　　　（　　）

27. 双曲正弦函数 $y = \dfrac{\mathrm{e}^x - \mathrm{e}^{-x}}{2}$ 的反函数是 $y = \ln(x + \sqrt{1+x^2})$.　　　（　　）

28. 设函数 $f(x)=\begin{cases} e^{\frac{1}{x-1}}, & x<1, \\ \ln x, & x\geqslant 1, \end{cases}$ 则 $x=1$ 是函数 $f(x)$ 的跳跃间断点.　　　　(　　)

29. 当 $x\to\infty$ 时,若 $\dfrac{1}{ax^2+bx+c}\sim\dfrac{1}{x+1}$,则 a,b,c 的是值一定是任意常数.(　　)

30. $x=0$ 是函数 $f(x)=2^{\frac{1}{x}}-1$ 的第二类间断点.　　　　　　　　　(　　)

四、解答题

31. 已知函数 $f(2x-1)$ 的定义域为 $[1,2]$,求函数 $f(x)$ 的定义域.

32. 函数 $f(x)=\begin{cases} e^{\frac{1}{x}}, & x<0, \\ 1, & x=0, \\ x, & x>0 \end{cases}$ 是否存在间断点? 若存在,请指出其间断点的类型.

33. 求下列极限:

(1) $\lim\limits_{n\to\infty}\dfrac{(n^3+1)(n^2+5n+6)}{2n^5-4n^2+3}$;

(2) $\lim\limits_{n\to\infty}(\sqrt{n+1}-\sqrt{n})$;

(3) $\lim\limits_{x\to 0}\dfrac{1-\cos x}{x\tan x}$;

(4) $\lim\limits_{x\to 0}(1-3x)^{\frac{2}{x}}$.

34. 已知 a, b 为常数,且 $\lim\limits_{x \to 3} \dfrac{ax+b}{x-3} = 2$, 求 a, b 的值.

35. 已知 $\lim\limits_{x \to +\infty}(\sqrt{3x^2+5x+6} - ax - b) = 0$, 求 a, b 的值.

36. 设函数 $f(x) = \begin{cases} x+2, & x<0, \\ 4, & x=0, \\ x+k, & x>0 \end{cases}$ 在 $x=0$ 处有极限,求 k 的值.

学校_____ 班级_____ 姓名_____ 评分_____

复习题一 B组

一、选择题

1. 函数 $f(x)=\begin{cases} x+1, & -1\leqslant x\leqslant 0, \\ 1-x, & 0<x\leqslant 1, \end{cases}$ 则 $f(f(0))=($).

   A. 1 B. 0 C. -1 D. 2

2. 下列函数中,奇函数是( ).

   A. $1+\cos x$ B. $x\cos x$ C. $\tan x+\cos x$ D. $|\cos x|$

3. 由函数 $y=u^3$,$u=\tan x$ 复合而成的函数是( ).

   A. $y=\tan 3x$ B. $y=3\tan x$
   C. $y=\tan^3 x$ D. $y=\tan x^3$

4. 函数 $f(x)=\begin{cases} x+2, & -2\leqslant x<0, \\ 1, & x=0, \\ 1-x, & 0<x\leqslant 2, \end{cases}$ 则 $\lim\limits_{x\to 0^+}f(x)=($).

   A. 1 B. 0 C. -1 D. 2

5. 极限 $\lim\limits_{x\to\infty}\left(1-\dfrac{1}{x}\right)^{3x}=($).

   A. e^2 B. e^{-3} C. $e^{\frac{1}{3}}$ D. $e^{-\frac{1}{2}}$

6. 如果 $\lim\limits_{x\to 0}\dfrac{5\sin mx}{2x}=\dfrac{15}{2}$,则 $m=($).

   A. 1 B. $\dfrac{5}{2}$ C. $\dfrac{15}{2}$ D. 3

7. 当 $x\to 0$ 时,下列各无穷小量与 x 相比,更高阶的无穷小量是( ).

   A. $2x^2+x$ B. $\sqrt{x}$ C. $x+\sin x$ D. $\sqrt{x^3}$

8. 函数 $f(x)=\begin{cases} \dfrac{\sin 2x}{x}, & 0<x\leqslant 1, \\ 2-x, & 1<x\leqslant 3 \end{cases}$ 在 $x=1$ 处间断,是因为( ).

   A. $f(x)$ 在 $x=1$ 处无定义 B. $\lim\limits_{x\to 1^-}f(x)$ 不存在
   C. $\lim\limits_{x\to 1}f(x)$ 不存在 D. $\lim\limits_{x\to 1^+}f(x)$ 不存在

9. 已知 $\lim\limits_{x\to 3}\dfrac{ax^2+9}{x-3}=-6$,则( ).

   A. $a=-1$ B. $a=0$ C. $a=1$ D. $a=2$

10. 已知函数 $f(x)=\begin{cases}2x^2+2, & x\neq 0,\\ 2a+2, & x=0\end{cases}$ 在点 $x=0$ 处连续，则 a 的值为（　　）.
  A. 0　　　　　　B. 1　　　　　　C. -1　　　　　　D. ± 1

二、填空题

11. 函数 $y=3+\cos\dfrac{\pi}{2}x$ 的最小正周期是_____.

12. $y=\tan^2(5x-1)$ 是由_____、_____复合而成的.

13. $\lim\limits_{x\to\infty}\dfrac{x-\sin x}{2x}=$_____.

14. 若函数 $y=f(x)$ 在 $x=2$ 处连续且 $f(2)=3$，则极限 $\lim\limits_{x\to 2}f(x)=$_____.

15. $\lim\limits_{x\to\infty}\dfrac{x^2+2x+3}{3x^2+2x+1}=$_____.

16. 函数 $f(x)=\dfrac{1}{x^2-2x-3}$ 的间断点是_____.

17. 已知 $\lim\limits_{x\to\infty}\left(1-\dfrac{4}{x}\right)^{px}=\mathrm{e}^{-2}$，则 $p=$_____.

18. $\lim\limits_{x\to 0}(1+ax)^{\frac{3}{x}}=2$，则 $a=$_____.

19. 设 $f(x)=\begin{cases}\dfrac{\ln(1+ax)}{x}, & x\neq 0,\\ 2, & x=0\end{cases}$ 在点 $x=0$ 处连续，则必有 $a=$_____.

20. 函数 $y=2+\ln(2x+3)$ 的反函数是_____.

三、判断题

21. "函数 $f(x)$ 在点 x_0 处有定义"是当 $x\to x_0$ 时函数 $f(x)$ 有极限的必要条件. （　　）

22. 已知 $\lim\limits_{x\to 2}\dfrac{x^2+ax+b}{x^2-x-2}=2$，则 a,b 的值是 $a=2,b=-8$. （　　）

23. $\lim\limits_{x\to\infty}\left(1-\dfrac{1}{x}\right)^{2x}=2\mathrm{e}$. （　　）

24. $\lim\limits_{x\to x_0}f(x)$ 存在是函数在点 x_0 处连续的必要条件. （　　）

25. 函数 $f(x)=\ln(x+1)$ 的连续区间是 $(-1,+\infty)$. （　　）

26. $\lim\limits_{x\to 2}(2-x)\sin\dfrac{1}{2-x}=1$. （　　）

27. 当 $x\to 2$ 时，无穷小 x^2-4 是 $\sin(x-2)$ 的同阶无穷小. （　　）

28. 设函数 $f(x)=\begin{cases}x+2, & x<0,\\ 1, & x=0,\\ 2+3x, & x>0,\end{cases}$ 则 $\lim\limits_{x\to 0}f(x)=1$. （　　）

29. 已知极限 $\lim\limits_{x\to 0}\dfrac{\sin ax}{\tan 2x}=\dfrac{1}{2}$，则 $a=1$. （　　）

30. 函数 $f(x)=\begin{cases}x+2, & x\leqslant 1,\\ 2-x, & x>1\end{cases}$ 在 $x=1$ 处间断，是由于 $\lim\limits_{x\to 1^-}f(x)\neq\lim\limits_{x\to 1^+}f(x)$.
( )

四、解答题

31. 设函数 $f(x)=\begin{cases}x+2, & x\leqslant 0,\\ 4, & x>0,\end{cases}$ 求 $f(0),f(2),f(-2),f(x-2)$.

32. 设函数 $f(x)=\begin{cases}x^2+6, & x<0,\\ x, & x>0,\end{cases}$ 求出 $\lim\limits_{x\to 0^-}f(x),\lim\limits_{x\to 0^+}f(x)$，并判断 $\lim\limits_{x\to 0}f(x)$ 是否存在.

33. 讨论下列函数的连续性；若有间断点，指出其间断点的类型.

(1) $f(x)=\dfrac{x^2-4}{x-2}$;

(2) $f(x)=\begin{cases}\dfrac{e^{3x}-1}{x}, & x<0,\\ x^2+1, & x>0.\end{cases}$

34. 求下列极限：

(1) $\lim\limits_{n\to\infty}\dfrac{n}{\sqrt{n^2+1}+\sqrt{n^2-1}}$;

(2) $\lim\limits_{n\to\infty}\left(1+\dfrac{2}{n}\right)^{3n}$;

(3) $\lim\limits_{x\to 3}\dfrac{\sqrt{1+x}-2}{x-3}$;

(4) $\lim\limits_{x\to 0}\dfrac{1-\cos x}{x\tan x}$.

35. 已知当 $x\to 0$ 时，$(\sqrt{1+ax^2}-1)$ 与 $\sin^2 x$ 是等价无穷小，求常数 a 的值.

36. 设函数 $f(x)=\begin{cases} x+3, & x<0, \\ x+k, & x\geqslant 0 \end{cases}$，在 $x=0$ 处有极限，求 k 的值.

第 2 章 导数与微分

学校_____   班级_____   姓名_____   评分_____

习题 2-1 导数的概念——函数变化速率的数学模型 A 组

一、选择题

1. 下列极限若存在,不能表示为 $f'(x_0)$ 的是(   ).

   A. $\lim\limits_{x \to x_0} \dfrac{f(x_0) - f(x)}{x_0 - x}$　　　　　　B. $\lim\limits_{\Delta x \to 0} \dfrac{f(x_0 + \Delta x) - f(x_0)}{\Delta x}$

   C. $\lim\limits_{\Delta x \to 0} \dfrac{f(x + \Delta x) - f(x)}{\Delta x}$　　　　　D. $\lim\limits_{x \to x_0} \dfrac{f(x) - f(x_0)}{x - x_0}$

2. 设函数 $y = 3x^2 + 2$,在 $x = 1$ 处的切线斜率是(   ).

   A. 6　　　　　　B. -6　　　　　　C. 0　　　　　　D. 3

二、填空题

3. 设 $f(x)$ 在 x_0 处的某个邻域内有定义,则 $f'(x_0) = $ _____ , _____ .

4. $\lim\limits_{\Delta x \to 0} \dfrac{f(x - \Delta x) - f(x)}{\Delta x} = $ _____ .

5. 若 $f(0) = 0$,则 $\lim\limits_{x \to 0} \dfrac{f(x)}{x} = $ _____ .

三、判断题

6. 函数 $f(x)$ 在 x_0 处连续,则 $f(x)$ 在 x_0 处可导.　　　　　　　　　　(   )

7. 函数 $f(x)$ 在 x_0 处可导的充分必要条件是函数 $f(x)$ 在 x_0 处的左导数与右导数存在且相等.　　　　　　　　　　　　　　　　　　　　　　　　　　　(   )

8. 函数 $f(x)$ 在 x_0 处的左导数为 $\lim\limits_{x \to x_0^+} \dfrac{f(x) - f(x_0)}{x - x_0}$.　　　　　　(   )

四、计算题

9. 判断 $f(x) = \begin{cases} x^2 \sin \dfrac{1}{x}, & x \neq 0 \\ 0, & x = 0 \end{cases}$,在 $x = 0$ 处的连续性与可导性.

10. 判断 $f(x)=|\sin x|$ 在 $x=0$ 处的连续性与可导性.

11. 设 $f(x)=\begin{cases}ax, & x\leqslant 0,\\ \sin 2x+b, & x>0,\end{cases}$ 且 $f(x)$ 在 $x=0$ 处可导,求 a,b 的值.

12. 求曲线 $y=x^3$ 在点 $(1,1)$ 处的切线方程和法线方程.

13. 垂直向上抛一物体,设经过时间 t 后,物体上升的高度为 $h=20t-5t^2$,试求物体在 $t=t_0$ 时刻的瞬时速度.

学校_____　　班级_____　　姓名_____　　评分_____

习题 2-1　导数的概念——函数变化速率的数学模型　B 组

一、选择题

1. 下列极限若存在，表示为 $f'(x)$ 的是（　　）.

   A. $\lim\limits_{x \to 0} \dfrac{f(x)}{x}$　　　　B. $\lim\limits_{\Delta x \to 0} \dfrac{f(x_0 + \Delta x) - f(x_0)}{\Delta x}$

   C. $\lim\limits_{\Delta x \to 0} \dfrac{f(x + \Delta x) - f(x)}{\Delta x}$　　　　D. $\lim\limits_{x \to x_0} \dfrac{f(x) - f(x_0)}{x - x_0}$

2. 设函数 $y = f(x)$，在 $x = x_0$ 处的切线斜率是（　　）.

   A. $\dfrac{f(x_0)}{x_0}$　　　　B. $\dfrac{f(x_0 + \Delta x) - f(x_0)}{\Delta x}$

   C. $\lim\limits_{\Delta x \to 0} \dfrac{f(x_0 + \Delta x) - f(x_0)}{\Delta x}$　　　　D. $\lim\limits_{x \to 1} \dfrac{f(x) - f(x_0)}{x - x_0}$

二、填空题

3. 设 $f(x)$ 在 x_0 处的某个邻域内有定义，则 $f'(x_0) = $ _____，_____.

4. $\lim\limits_{\Delta x \to 0} \dfrac{f(x + 2\Delta x) - f(x)}{\Delta x} = $ _____.

5. 若 $f(0) = 0$，$\lim\limits_{x \to 0} \dfrac{f(x)}{x} = 1$，则 $f'(0) = $ _____.

三、判断题

6. 函数 $f(x)$ 在 x_0 处可导，则 $f(x)$ 在 x_0 处连续. （　　）

7. 函数 $f(x)$ 在 x_0 处可导的充分必要条件是函数 $f(x)$ 在 x_0 处的左导数与右导数存在且相等. （　　）

8. 函数 $f(x) = x^3 + 1$ 在 $x = 1$ 处的切线斜率为 2. （　　）

四、计算题

9. 判断 $f(x) = \begin{cases} -x, & x \leqslant 1, \\ 2 - x, & x > 1 \end{cases}$ 在 $x = 1$ 处的连续性与可导性.

10. 判断 $f(x)=\begin{cases} x^2\sin\dfrac{1}{x}, & x\neq 0, \\ 0, & x=0 \end{cases}$ 在 $x=0$ 处的连续性与可导性.

11. 设 $f(x)=\begin{cases} ax, & x\leqslant 0, \\ \sin 3x, & x>0, \end{cases}$ 且 $f(x)$ 在 $x=0$ 处可导,求 a 的值.

12. 求函数 $y=2x^2+1$ 在 $(1,3)$ 处的切线方程和法线方程.

13. 设某产品的需求函数为 $P=20-\dfrac{Q}{5}$,P 为价格,Q 为销售量,求销售收入 $R(Q)$ 对销售量 Q 的变化率.

学校_____ 班级_____ 姓名_____ 评分_____

习题 2-2 导数的运算(一) A 组

一、选择题

1. 函数 $f(x)=x^2$，$g(x)=\cos x$，则复合函数 $y=f[g(x)]$ 的导数为（   ）.
   A. $\sin 2x$ B. $-\sin 2x$ C. $2x\sin x$ D. $-2x\sin x$

2. 函数 $y=\ln\cos x$，则 $y'\left(\dfrac{\pi}{4}\right)=$（   ）.
   A. -1 B. 1 C. 0 D. 不能确定

二、填空题

3. (1) $\left(-\dfrac{1}{2}x^4-\ln 2\right)'=$ _____.

   (2) $(x^3\cdot\arctan x-\pi)'=$ _____.

4. $[\cos(4+3x)]'=$ _____.

5. $[\ln(-x-1)]'=$ _____.

三、判断题

6. 函数 $f(x)=3x^2+2x$，则 $[f(1)]'=8$.   （   ）

7. 函数 $f(x)=\sin^2 x$，则 $f'(x)=\sin 2x$.   （   ）

8. 函数 $f(x)=\sqrt{x^2-1}$，则 $f'(x)|_{x=2}=\dfrac{2\sqrt{3}}{3}$.   （   ）

四、求下列函数的导数

9. (1) $y=\sqrt{x}-\dfrac{1}{x^2}+2$；   (2) $y=-\dfrac{x}{2}+3^x+\arccos x$.

10. (1) $y = u\tan u + \dfrac{1}{u}$;   (2) $y = x\sin x\cos x$.

11. (1) $y = \dfrac{x}{2x + e^x}$;   (2) $y = \dfrac{1}{\sqrt{1-x^2}}$.

12. (1) $y = \ln(1 - 3x^3)$;   (2) $y = \arctan(-e^x)$;

(3) $y = \arcsin\sqrt{x}$;   (4) $y = \ln(x + \sqrt{a^2 + x^2})$.

学校_____ 班级_____ 姓名_____ 评分_____

习题 2-2 导数的运算(一)B 组

一、选择题

1. 函数 $f(x) = -x^5 + \sqrt{x} - e$,则 $f'(x) = ($).

   A. $-5x^4 - \dfrac{1}{2\sqrt{x}}$ B. $-5x^4 - \dfrac{2}{\sqrt{x}}$ C. $-5x^4 + \dfrac{1}{2\sqrt{x}}$ D. $-5x^4 + \dfrac{2}{\sqrt{x}}$

2. 函数 $f(x) = \dfrac{1}{3}e^{-3x}$,则 $f'\left(\dfrac{1}{3}\right) = ($).

   A. $-\dfrac{1}{e}$ B. $\dfrac{1}{e}$ C. 1 D. $\dfrac{1}{3e}$

二、填空题

3. (1) $(2x^2 - \ln 2)' = $ _____ ;

   (2) $(x^3 \cdot \ln x - \pi)' = $ _____ .

4. $[\cos(4 + 3x)]' = $ _____ .

5. $\left(\dfrac{1}{1+x^2}\right)' = $ _____ .

三、判断题

6. 函数 $f(x) = \dfrac{1}{2}x^2 + 2x - 2$,则 $f'(x)|_{x=1} = 2$.　　　　　　　　　　(　　)

7. 函数 $f(x) = \tan(x - 1)$,则 $\left[f\left(\dfrac{\pi}{2}\right)\right]' = 0$.　　　　　　　　　　(　　)

8. 函数 $f(x) = \sin^2 x$,则 $f'(x) = \sin 2x$.　　　　　　　　　　　　(　　)

四、求下列函数的导数

9. (1) $y = \dfrac{1}{4}x^3 - 2x^2 + x - \cos\dfrac{\pi}{4}$;　　　(2) $y = -\dfrac{x}{2} + 3^x + \arctan x$.

10. (1) $y = x^2 \ln x \, e^x$; (2) $y = \sqrt[3]{x^2} - x \arcsin x$.

11. (1) $y = \dfrac{x}{x + \sin x}$; (2) $y = \dfrac{1}{\sqrt{1-x^2}}$.

12. (1) $y = e^{x^2 + 2x - 3}$; (2) $y = \ln \cos x$;

(3) $y = \arctan e^x$; (4) $y = \dfrac{\sin 2x}{x}$.

学校_____　　班级_____　　姓名_____　　评分_____

习题 2-3　导数的运算(二)　A 组

一、选择题

1. 设 $f''(x_0)=2$，则 $\lim\limits_{x \to x_0}\dfrac{f'(x)-f'(x_0)}{x-x_0}=(\quad)$.

   A. 不存在　　　B. 2　　　C. 0　　　D. 4

2. $[f(x_0)]''$ 的结果（　）.

   A. 总是 0　　　B. 总是 -1　　　C. 总是 1　　　D. 与 $f(x_0)$ 有关

3. 已知函数 $f(x)$ 的二阶导数为 $f''(x)$，且满足 $f'(x)=2xf''(1)+\ln x$，则 $f''(1)=(\quad)$.

   A. $-e$　　　B. 1　　　C. e　　　D. -1

二、填空题

4. 若 $y=f'(x)$ 仍可导，则称 $[f'(x)]'$ 为函数 $f'(x)$ 的_____阶导数.

5. 函数 $f(x)=x^4$ 的二阶导数是_____.

6. 设函数 $y=e^{-x}$，则 $y''=$_____.

三、判断题

7. 函数 $y=e^x$ 的 n 阶导数 $y^{(n)}=e^x$.　　　　　　　　　　　　　　　（　　）

8. $f''(x_0)$ 与 $[f(x_0)]''$ 表达的含义是相同的.　　　　　　　　　　　　（　　）

四、计算题

9. 求函数 $y=x\sin x$ 的二阶导数 y''.

10. 求函数 $y=2x^2+2\cos 3x-\ln 3$ 的二阶导数 y''.

11. 求由方程 $y-xe^y=1$ 所确定的隐函数的导数 $\dfrac{dy}{dx}$.

12. 已知函数 $y=\dfrac{\ln x}{x}$,求其二阶导数 y''.

13. 求函数 $x^y=y^x$ 的导数 $\dfrac{dy}{dx}$.

14. 求参数方程 $\begin{cases} x=\sin t, \\ y=\cos 2t \end{cases}$ 的导数 $\dfrac{dy}{dx}$.

学校_____　　班级_____　　姓名_____　　评分_____

习题 2-3　导数的运算(二)　B 组

一、选择题

1. 函数 $y=x^5$，则 $y^{(5)}(0)=(\quad)$.
   A. 0　　　　　B. 1　　　　　C. 5!　　　　　D. 4!
2. 已知函数 $f(x)$ 的一阶导数为 $f'(x)=(x^2-a)\ln x$，$f''(x)$ 是函数 $f(x)$ 的二阶导函数. 若 $f''(1)=-2$，则 $a=(\quad)$.
   A. -3　　　　B. 3　　　　　C. -1　　　　D. 1
3. 已知函数 $f(x)=\sin x+\cos x$，则 $f''(x)=(\quad)$.
   A. $-\sin x-\cos x$　　　　　　B. $\sin x-\cos x$
   C. $\cos x-\sin x$　　　　　　D. $\sin x+\cos x$

二、填空题

4. 一物体的运动方程为 $s=t^3+10$，则该物体的加速度为_____.
5. 已知函数 $f(x)=x^2 e^x$，则 $f''(x)=$_____.
6. 设函数 $y=4x^3+2x$，则 $y''=$_____.

三、判断题

7. 设函数 $f(x)=x^3-x^2$，则 $f''(1)=4$. 　　　　　　　　　　(　　)
8. $f''(x_0)$ 与 $[f(x_0)]''$ 表达的含义是相同的. 　　　　　　　(　　)

四、计算题

9. 设函数 $y=x^3+2x^2-1$，求 y'''.

10. 设 $x + e^y = \ln(x+y)$，求 y'.

11. 已知函数 $y = \sin^2 x$，求 y''.

12. 设函数 $y = \dfrac{\ln x}{x^2}$，求 y''.

13. 设函数 $f(t) = e^{-t} \sin t$，求二阶导数 $f''(t)$.

14. 求下列参数方程 $\begin{cases} x = \sin t \\ y = \cos 2t \end{cases}$，在 $t = \dfrac{\pi}{4}$ 的切线方程.

学校_____ 班级_____ 姓名_____ 评分_____

习题 2-4　微分——函数变化幅度的数学模型　A 组

一、选择题

1. 函数 $y=f(x)$ 的导数为 $f'(x)$，还可表示为（　　）．

   A. $\dfrac{dy}{dx}$　　　　B. $\dfrac{\Delta y}{\Delta x}$　　　　C. dy　　　　D. dx

2. 函数 $f(x)=\begin{cases} x^2, & x\geqslant 0, \\ -x, & x<0 \end{cases}$ 在 $x=0$ 处（　　）．

   A. 不连续　　　B. 可导　　　C. 不可微　　　D. 可微

3. 若 $d(\quad)=3e^{-2x}dx$，则（　　）．

   A. $\dfrac{2}{3}e^{-2x}+C$　　B. $\dfrac{3}{2}e^{-2x}+C$　　C. $-\dfrac{2}{3}e^{-2x}+C$　　D. $-\dfrac{3}{2}e^{-2x}+C$

二、填空题

4. 设 $f(x)$ 在 x_0 处可微，则 $f(x)$ 在 x_0 处的微分 $dy=$ _____．

5. 函数 $y=f(x)$ 可微是 $y=f(x)$ 连续的_____条件．

6. 函数 $y=1+x^2$ 在 $x=1$ 处，当 $\Delta x=0.04$ 时函数的改变量 Δy 为_____，函数的微分 dy 为_____．

三、判断题

7. 设函数 $y=f(x)$，当自变量 x 从 x_0 变为 $x_0+\Delta x$ 时，用函数在 x_0 处的微分 $dy=f'(x_0)dx$ 近似代替函数的改变量 $\Delta y=f(x_0+\Delta x)-f(x_0)$，故 $f(x_0+\Delta x)\approx f(x_0)+f'(x_0)\Delta x$．　　　　　　（　　）

8. $d(\tan^2(1+2x^2))=(\tan^2(1+2x^2))'dx=2\tan(1+2x^2)dx$．　　　　　　（　　）

四、计算题

9. $y=x^2+\sin x$，求 dy．

10. $y = x\sin 2x$,求 dy.

11. $y = x^2 e^{2x}$,求 dy.

12. $y = \ln^2(1-x)$,求 dy.

13. 用微分近似计算求 $\sqrt[3]{1.02}$.

学校_____   班级_____   姓名_____   评分_____

习题 2-4 微分——函数变化幅度的数学模型 B组

一、选择题

1. 导数又称为微商,可表示为(   ).
   A. $\dfrac{\mathrm{d}y}{\mathrm{d}x}$ B. $\dfrac{\Delta y}{\Delta x}$ C. $\mathrm{d}y$ D. $\mathrm{d}x$

2. 函数 $f(x)$ 在 $x=1$ 处微分为 $\mathrm{d}y=3\mathrm{d}x$,则该函数 $f(x)$ 在 $x=1$ 处的切线斜率为(   ).
   A. 0 B. 1 C. 2 D. 3

3. 函数 $y=1+x^2$ 在 $x=0$ 处,当自变量的改变量 $\Delta x=0.04$ 时,函数的改变量为(   ).
   A. 0 B. 0.0016 C. 1 D. 0.04

二、填空题

4. 设 $f(x)=2x^3$ 在 $x=1$,$\Delta x=0.01$ 的微分 $\mathrm{d}y=$ _____.

5. 若函数 $f(x)$ 在定义域中任意点 x 处都可微,则它在 x 处的微分 $\mathrm{d}y=$ _____.

6. 函数 $y=f(x)$ 可导是 $y=f(x)$ 可微的_____条件.

三、判断题

7. 设函数 $y=f(x)$,当自变量 x 从 x_0 变为 $x_0+\Delta x$ 时,函数的改变量为 $\Delta y=f'(x)\Delta x$,微分为 $\mathrm{d}y=f(x_0+\Delta x)-f(x_0)$.   (   )

8. 设函数 $y=f(x)$ 在点 x_0 处可导,若 x 在 x_0 附近,且 $|x-x_0|$ 很小,则 $f(x)\approx f(x_0)+f'(x_0)(x-x_0)$.   (   )

四、计算题

9. $y=3x^2$,求 $\mathrm{d}y$.

10. $y = xe^x$,求 dy.

11. $y = (3x-1)^{100}$,求 dy.

12. $y = x^2 e^x$,求 dy.

13. 将适当的函数填入括号内使等式成立:
(1) $d(\quad) = x\,dx$; (2) $d(\quad) = \sin 3x\,dx$.

学校_____ 班级_____ 姓名_____ 评分_____

复习题二 A组

一、选择题

1. 已知函数 $f(x)=2x^2-x+1$，则 $f'(x)=$（   ）.
   A. $4x+1$ B. $4x-1$
   C. $2x^2-1$ D. $2x^2-x$

2. 若函数 $f(x)$ 在点 x_0 处可微，则函数 $f(x)$ 在点 x_0 处的微分为（   ）.
   A. $f'(x_0)$ B. $f'(x_0)\mathrm{d}x$
   C. $f(x_0)$ D. $\dfrac{\mathrm{d}y}{\mathrm{d}x}$

3. 已知函数 $f(x)=\dfrac{1}{3}x^3+\dfrac{\pi}{2}$，则 $f''(3)=$（   ）.
   A. 6   B. 4
   C. 2   D. 0

4. 已知函数 $f(x)=\ln x\cos x$，则 $f'(x)=$（   ）.
   A. $\dfrac{1}{x}\cos x+\ln x\sin x$ B. $-\dfrac{1}{x}\cos x-\ln x\sin x$
   C. $\dfrac{1}{x}\cos x-\ln x\sin x$ D. $\ln x\cos x-\ln x\sin x$

5. 已知函数 $y=\mathrm{e}^{-x^2+4}$，则 $y'|_{x=0}=$（   ）.
   A. 0   B. 1
   C. -1 D. 2

6. $\mathrm{d}($ $)=\cos 2t\,\mathrm{d}t$.
   A. $\sin 2t$ B. $\dfrac{1}{t}\sin 2t$
   C. $2\sin 2t$ D. $\dfrac{1}{2}\sin 2t$

7. $f(x)=|x|$ 在 $x=0$ 处（   ）.
   A. 可导   B. 不可导
   C. 无意义   D. 不能确定

8. 已知函数 $f(x)=x^2-2$，则函数 $f(x)$ 在点 $x=1$ 处的切线方程为（   ）.
   A. $y=2x-1$ B. $y=-x$
   C. $y=2x-3$ D. 不能确定

9. 已知函数 $y=\ln(\sin 3x)$，则 $dy=(\quad)$.
   A. $3\cot 3x\, dx$
   B. $-3\cot 3x\, dx$
   C. $\dfrac{3}{\sin 3x}$
   D. $-\dfrac{3}{\sin 3x}$

10. 设 $f(x)=\begin{cases} x^2, & x\leqslant 1, \\ ax+b, & x>1, \end{cases}$ 当 $a=\underline{\quad}$，$b=\underline{\quad}$ 时，$f(x)$ 在 $x=1$ 处可导.
    A. $2,-1$
    B. $-2,1$
    C. $-1,2$
    D. $1,-2$

二、填空题

11. 若 $\lim\limits_{x\to 0}\dfrac{f(2x)-f(0)}{x}=\dfrac{1}{2}$，则 $f'(0)=\underline{\quad}$.

12. 已知函数 $f(x)=\arctan 2x$，则 $f'(x)=\underline{\quad}$.

13. 函数 $f(x)=\cos x$ 在点 $x=\dfrac{\pi}{2}$ 处的切线斜率 $\underline{\quad}$，法线斜率为 $\underline{\quad}$.

14. 函数 $f(x)=x^3 e^x$，则 $dy=\underline{\quad}$.

15. 由方程 $y^2+x^2-1=0$ 所确定的函数的导数 $\dfrac{dy}{dx}=\underline{\quad}$.

16. 函数 $f(x)=x^2\ln x$，则 $f'''(2)=\underline{\quad}$.

17. 已知函数 $y=\sqrt[3]{x}(-x^3-1)$，则 $\dfrac{dy}{dx}=\underline{\quad}$.

18. 在曲线 $y=2\sin x+x^2$ 上，横坐标 $x=0$ 处的切线方程为 $\underline{\quad}$.

19. $(x^3)^{(5)}=\underline{\quad}$.

20. 函数 $f(x)=\begin{cases} xe^x, & x<0, \\ 0, & x\geqslant 0, \end{cases}$ 在 $x=0$ 处的左导数 $f'_-(0)=\underline{\quad}$.

三、判断题

21. 若函数 $f(x)$ 在 $x=x_0$ 处可微，则一定在 x_0 处连续. （　　）

22. 函数 $f(x)=e^{2x}\sin x$ 的求导结果为 $f'(x)=e^{2x}(\sin x+\cos x)$. （　　）

23. 曲线 $y=f(x)$ 在点 x_0 处的切线斜率就是函数 $f(x)$ 在点 x_0 处的导数. （　　）

24. 设单调连续函数 $x=f(y)$ 在点 y 处可导，且 $f'(y)\neq 0$，其反函数 $y=f^{-1}(x)$ 在对应点 x 可导，则其导数为 $[f'(y)]^{-1}$. （　　）

25. 一物体作变速直线运动，其位移函数为 $s(t)=t^2+1$，该物体在 $t=3$ 时的加速度为 6. （　　）

26. 函数 $f(x)=|x|$ 在 $x=0$ 处既连续又可导. （　　）

27. 函数 $f(x)=\begin{cases} x^2, & x<1, \\ 2x, & x\geqslant 1 \end{cases}$ 在点 $x=1$ 处不可导. （　　）

28. 函数 $y=\ln[(1-x)]^2$ 的微分 $dy=\dfrac{2\ln(1-x)}{1-x}dx$. （　　）

29. 设函数 $y=\cos x$，则 $y^{(2019)}=\cos x$. （　　）

四、计算题

30. 求下列函数的导数：

(1) $y = \dfrac{1}{3}x^3 - \dfrac{1}{2}x^2 + 4x - \cos\dfrac{\pi}{3}$；

(2) $y = \sqrt{x^3 + 2x^2 + 6x}$；

(3) $y = \ln(\ln x + 2)$；

(4) $y = \arcsin(1 + 2x)$.

31. 求下列函数在给定点处的导数：

(1) $y = \sin x - \cos x$，求 $y'\big|_{x=\frac{\pi}{4}}$；

(2) $y = (1 + x^2)\left(2 - \dfrac{1}{x}\right)$，求 $y'\big|_{x=1}$.

32. 求下列函数的二阶导数：

(1) $f(x) = e^{2x+1}$；

(2) $y = \cos(3x^2 - 2)$.

33. 求下列函数的微分：

(1) $y = \sqrt{4 - x^2}$；

(2) $y = 5^x + \dfrac{1}{x^3 - 1}$.

34. 求由方程 $y^2 - 2xy + 9 = 0$ 所确定的隐函数的导数 $\dfrac{\mathrm{d}y}{\mathrm{d}x}$.

35. 求曲线 $\begin{cases} x = t^2, \\ y = 4t \end{cases}$ 在 $t = 1$ 处的切线及法线方程.

学校_____ 班级_____ 姓名_____ 评分_____

复习题二 B组

一、选择题

1. 设 $f(0)=0$，且极限 $\lim\limits_{x\to 0}\dfrac{f(x)}{x}$ 存在，则 $\lim\limits_{x\to 0}\dfrac{f(x)}{x}=($ $)$.

   A. $2f'(0)$　　　　　　　　　　　　B. $f'(0)$

   C. $f(0)$　　　　　　　　　　　　　D. $\dfrac{1}{2}f'(0)$

2. 设 $f(x)=\begin{cases}1, & x<0, \\ 1-x^2, & 0\leqslant x<1, \\ x-1, & x\geqslant 1,\end{cases}$ 则（　　）.

   A. 在点 $x=0$ 处可导　　　　　　　B. 在点 $x=0$ 处不可导

   C. 在点 $x=1$ 处可导　　　　　　　D. 在点 $x=1$ 处不连续

3. 在曲线 $y=x^3-3x$ 上，点（　　）处的切线平行于 x 轴.

   A. $(0,0)$　　　　　　　　　　　　B. $(1,2)$

   C. $(-1,2)$ 和 $(1,-2)$　　　　　　D. 以上都不对

4. 若 $f(x)$ 在 (a,b) 内连续，且 $x_0\in(a,b)$，则在点 x_0（　　）.

   A. $f(x)$ 的极限存在且可导　　　　B. $f(x)$ 的极限存在，但不一定可导

   C. $f(x)$ 的极限不存在，但可导　　D. $f(x)$ 的极限不一定存在

5. 已知一质点作变速直线运动的位移函数为 $s=3t^2+e^t$，t 为时间，则在时刻 $t=2$ 处的速度和加速度分别是（　　）.

   A. $12+e^2,6+e^2$　　　　　　　　B. $12+e^2,12+e^2$

   C. $6+e^2,6+e^2$　　　　　　　　　D. $6+e^2,12+e^2$

6. 曲线 $\begin{cases}x=1+2t, \\ y=t^2\end{cases}$ 在 $t=1$ 处的切线斜率为（　　）.

   A. 0　　　　　　　　　　　　　　B. -1

   C. 1　　　　　　　　　　　　　　D. 2

7. 设 $f(x)=(x+2)^5$，则 $f'''(2)$ 为（　　）.

   A. 240　　　　　　　　　　　　　B. 560

   C. 720　　　　　　　　　　　　　D. 960

8. 若 $f(x)$ 在 x_0 处不连续，则 $f(x)$ 在点 x_0 处（　　）.

   A. 必不可微　　　　　　　　　　　B. 一定可导

   C. 可能可导　　　　　　　　　　　D. 可能可微

9. 下列等式成立的是（　　）.

A. $d(3^x) = 3^x \ln 3$
B. $(\sin 2x)' = 2\cos 2x$
C. $(\ln x - e^2)' = \dfrac{1}{x} - e^2$
D. $d(e^{2x}) = e^{2x} dx$

10. 设函数 $y = x e^x$，则 $y'(0) = ($　　$)$.

A. 2　　　　　　B. 1　　　　　　C. 3　　　　　　D. 0

二、填空题

11. 设 $f(x)$ 在 x_0 处可导，则 $\lim\limits_{\Delta x \to 0} \dfrac{f(x_0 + 2\Delta x) - f(x_0)}{\Delta x} = $ ＿＿＿＿.

12. $f'(x)$ 是 $f(x) = \dfrac{1}{3}x^3 + 2x + 5$ 的导函数，则 $f'(-1)$ 的值是＿＿＿＿.

13. 设函数 $f(x)$ 在 $x=1$ 处可导，且 $\lim\limits_{\Delta x \to 0} \dfrac{f(1+2\Delta x) - f(1)}{\Delta x} = 1$，则 $f'(1) = $＿＿＿＿.

14. $(\sin x)' = $＿＿＿＿，$(\cos x)'' = $＿＿＿＿.

15. 曲线 $y = x^3 - 2x^2 - 4x + 2$ 在点 $(1, -3)$ 处的切线方程是＿＿＿＿.

16. 已知 y 的 $n-1$ 阶导数 $y^{(n-1)} = \dfrac{x}{e^x}$，则 y 的 n 阶导数 $y^{(n)} = $＿＿＿＿.

17. 已知 $y = \ln(\sin 2x)$，求 $dy = $＿＿＿＿.

18. 已知 $y = x e^x$，则 $y'' = $＿＿＿＿.

19. 已知参数方程 $\begin{cases} x = 1 + t, \\ y = (1 + t)^2, \end{cases}$ 则 $\dfrac{dy}{dx} = $＿＿＿＿.

20. 已知函数 $y = e^x + \dfrac{x^2}{5} - \ln 8$，则 $y' = $＿＿＿＿.

三、判断题

21. 曲线 $y = f(x)$ 在点 x_0 处的法线斜率就是 $y = f(x)$ 在点 x_0 处的导数.　　（　　）

22. 导数 $f'(x_0)$ 与 $[f(x_0)]'$ 表达的含义是相同的.　　（　　）

23. 曲线 $y = x + e^x$ 在点 $x = 0$ 处的切线方程是 $2x - y + 1 = 0$.　　（　　）

24. 设函数 $y = e^{ax}$，则 $y^{(n)} = a^n e^{ax}$.　　（　　）

25. 函数 $y = \ln(2x^2 + 1)$ 的微分为 $dy = \dfrac{4x}{2x^2 + 1}$.　　（　　）

26. 如果 $\lim\limits_{x \to x_0} f(x)$ 存在，那么 $f(x)$ 在点 x_0 一定有定义.　　（　　）

27. 设函数 $y = 2^x + x^2$，则 $y' = 2x + 2^x \ln 2$.　　（　　）

28. 设函数 $y = \ln 2x$，则 $y' = \dfrac{1}{x}$.　　（　　）

29. 设函数 $y = x \ln x$，则 $y' = \ln x + x$.　　（　　）

30. 设函数 $y = \dfrac{x}{e^x}$，则 $y' = \dfrac{1 - x}{e^x}$.　　（　　）

四、解答题

31. 设 $y = \dfrac{1}{x} + 2\sqrt{x}$，求导数 y'.

32. 设 $y = \sin^3(5+2x)$，求导数 y'.

33. 已知函数 $y = \dfrac{e^x}{x}$，求 y''.

34. 求由方程 $e^y + y\ln x = x$ 所确定隐函数的导数 $\dfrac{dy}{dx}$.

35. 求 $y = \sin x^{\cos x}$ 的导数 y'.

36. 求由参数方程 $\begin{cases} x = e^t \sin t, \\ y = e^t \cos t \end{cases}$ 所确定函数的导数 $\dfrac{dy}{dx}$.

37. 设 $y = \arctan e^x$,求 dy.

38. 设函数 $f(x) = \begin{cases} x^2, & x \leqslant 1, \\ ax + b, & x > 1 \end{cases}$ 在 $x = 1$ 处可导,试求常数 a 和 b 的值.

39. 求曲线 $\begin{cases} x = 1 + 2t, \\ y = t^2 \end{cases}$ 在点 $(3, 1)$ 处的切线方程和法线方程.

第 3 章　导数的应用

学校_____   班级_____   姓名_____   评分_____

习题 3-1 函数的单调性与极值 A 组

一、选择题

1. 若可导函数 $y=f(x)$ 在 x_0 处取得极值，则（　　）.
   A. $f'(x_0)>0$ 　　　　　　　B. $f'(x_0)<0$
   C. $f'(x_0)=0$ 　　　　　　　D. $f'(x_0)$ 的值不能确定

2. 下列说法正确的是（　　）.
   A. 驻点一定是极值点 　　　　B. 驻点不一定是极值点
   C. 极值点一定是驻点 　　　　D. 驻点是函数的零点

3. 函数 $f(x)=2x^2-\ln x$ 在区间 $(0,2)$ 内（　　）.
   A. 单调减少 　　　　　　　　B. 单调增加
   C. 有增有减 　　　　　　　　D. 不增不减

二、填空题

4. 函数 $y=x^3+1$ 在 $(-\infty,+\infty)$ 上是单调_____函数.

5. 函数 $f(x)$ 在 x_0 处有 $f'(x_0)=0$，$f''(x_0)>0$，则 $f(x_0)$ 是 $f(x)$ 的极_____值.

6. 函数 $f(x)=xe^x$，在点_____处取得极值.

三、判断题

7. 可导函数的极值点一定是驻点，函数的驻点不一定是极值点.　　　　（　　）

8. $f(x)=|x|$ 在 $[-1,1]$ 上满足罗尔定理.　　　　　　　　　　　　（　　）

四、解答题

9. 求下列函数的单调区间：

   (1) $f(x)=x^3-3x^2$；　　　　　　(2) $f(x)=(x-4)\sqrt[3]{(x+1)^2}$；

(3) $f(x) = x + \dfrac{1}{x}$.

10. 求下列函数的极值：

(1) $f(x) = \dfrac{x}{\ln x}$；

(2) $f(x) = x^3 - 3x^2 + 9$（使用极值第二判定法）.

学校_____　班级_____　姓名_____　评分_____

习题 3-1　函数的单调性与极值　B 组

一、选择题

1. 如果 $f'(x_0)=0$，$f''(x_0)<0$，则（　　）.
   A. $f(x_0)$ 是函数 $f(x)$ 的极小值　　　　B. $f(x_0)$ 不是函数 $f(x)$ 的极值
   C. $f(x_0)$ 是函数 $f(x)$ 的极大值　　　　D. $f(x)$ 在定义域内极值不存在

2. 函数 $f(x)=\sin x$ 在 $\left[0,\dfrac{\pi}{2}\right]$ 上满足拉格朗日中值定理条件，则结论中 ξ 的值为（　　）.
   A. $\sin\dfrac{2}{\pi}$　　　　B. $\cos\dfrac{2}{\pi}$　　　　C. $\arccos\dfrac{2}{\pi}$　　　　D. $\dfrac{2}{\pi}$

3. 点 $x=0$ 是函数 $y=x^3$ 的（　　）.
   A. 极大值点　　　　　　　　　　　　　　B. 极小值点
   C. 不可导点　　　　　　　　　　　　　　D. 驻点

二、填空题

4. 如果函数 $f(x)$ 在点 x_0 处可导，且函数在 x_0 处取得极值，则 $f'(x_0)=$ _____.

5. 设函数 $f(x)$ 在区间 (a,b) 内可导，则在 (a,b) 内，$f'(x)<0$ 是 $f(x)$ 在 (a,b) 内单调减少的_____条件.

6. 函数 $y=-x^2(x\in\mathbf{R})$，在_____上为单调增加，在_____上为单调减少.

三、判断题

7. 可导函数的极值点一定是驻点，函数的驻点不一定是极值点.　　　　　　　　（　　）

8. $f(x)=|x|$ 在 $[-1,1]$ 上满足罗尔定理.　　　　　　　　　　　　　　　　　（　　）

四、解答题

9. 求下列函数的单调区间：
   (1) $f(x)=2x^3-3x^2+12$；　　　　　　(2) $f(x)=(x-1)(x+1)^3$；

(3) $f(x)=3x-\dfrac{4}{x}$.

10. 求下列函数的极值：

(1) $f(x)=x^2+\dfrac{3}{x+2}$；

(2) $f(x)=x^3+3x^2-24x$（使用极值第二判定法）.

学校_____   班级_____   姓名_____   评分_____

习题 3-2 函数的最值——函数最优化的数学模型 A 组

一、选择题

1. 函数 $f(x)=x^2-2x+a+2$ 在 $[0,a]$ 上取得最大值 3、最小值 2,则实数 a 为(   ).
   A. 0 或 1   B. 1   C. 2   D. $\dfrac{1}{2}$

2. 已知函数 $f(x)=-x^2+4x+a$ 在 $[0,1]$ 上取得最小值 -2,则函数的最大值为(   ).
   A. -1 B. 0   C. 1   D. 2

3. 设函数 $f(x)$ 在 $[a,b]$ 连续,且 $f(x)$ 在 (a,b) 内没有极值点,则下列说法错误的是(   ).
   A. $f(x)$ 在 $[a,b]$ 的最大值是 $f(a)$ 或 $f(b)$
   B. $f(x)$ 在 $[a,b]$ 的最小值是 $f(a)$ 或 $f(b)$
   C. 若 $f(a)$ 是最大值,则 $f(b)$ 就是最小值
   D. 以上说法都不对

二、填空题

4. 若 $f'(x_0)=0$,则 x_0 是 $f(x)$ 的_____点.

5. 若函数 $f(x)$ 在 $[a,b]$ 上为单调增加函数,那么函数的最大值为_____,最小值为_____.

6. 函数 $f(x)=x^{2020}$ 的最小值是_____,最大值是_____.

三、判断题

7. 若 $f(x)$ 在 x_0 处取得最值,则 x_0 一定是 $f(x)$ 的极值点.   (   )

8. $[a,b]$ 上的连续函数 $f(x)$ 在 $[a,b]$ 上至少有一个最大值和一个最小值.   (   )

四、解答题

9. 计算下列函数的最值:
   (1) $f(x)=2x^3-3x^2$,$x\in[-1,4]$;

(2) $f(x)=(x-1)(x+1)^3$, $x \in [-3, 3]$;

(3) $f(x)=\dfrac{x}{1+x^2}$, $x \in [0, 2]$.

10. 求函数 $y=e^{x^2}$ 在 $[1, 2]$ 上和 **R** 上的最值.

11. 有一户型平面图如图所示,已知墙体总长为 46 米(图中实线部分),请计算走廊宽度 x 为多少米时,3 个房间的面积最大.

学校_____ 班级_____ 姓名_____ 评分_____

习题 3-2　函数的最值——函数最优化的数学模型　B 组

一、选择题

1. 函数 $f(x)=x^2$ 在 $[0,1]$ 上的最小值是（　　）.
   A. 1　　　　　　B. 0　　　　　　C. $\dfrac{1}{4}$　　　　　　D. 不存在

2. 函数 $f(x)=9-ax^2$，$a>0$ 在 $[0,2]$ 上的最大值为（　　）.
   A. 9　　　　　　B. $9-a$　　　　C. $9-a^2$　　　　D. 不存在

3. 设函数 $f(x)$ 在 $[a,b]$ 连续，且 $f(x)$ 在 (a,b) 内存在有限个极值点，下列说法错误的是（　　）.
   A. $f(x)$ 一定在这有限个极值点或端点 $x=a$ 或 $x=b$ 达到最大值
   B. $f(x)$ 可能在 $[a,b]$ 上不存在最值
   C. $f(x)$ 一定在这有限个极值点或端点 $x=a$ 或 $x=b$ 达到最小值
   D. $f(x)$ 可能在端点 $x=a$ 或 $x=b$ 达到最值

二、填空题

4. 函数 $f(x)=\cos 2x-x$ 在 $\left[-\dfrac{\pi}{2},\dfrac{\pi}{2}\right]$ 上的最大值为_____，最小值为_____.

5. 函数最值可能在_____点_____点或_____点处取得.

6. 函数 $f(x)=x^3$ 的最小值是_____，最大值是_____.

三、判断题

7. 若 $f(x)$ 在 x_0 处取得最值，则 x_0 一定是 $f(x)$ 的极值点. （　　）

8. $[a,b]$ 上的连续函数 $f(x)$ 在 $[a,b]$ 上至少有一个最大值和一个最小值. （　　）

四、解答题

9. 计算下列函数的最值：
   (1) $f(x)=x^3-3x+2$，$[-2,2]$；　　　(2) $f(x)=\ln(x^2+1)$，$[-1,2]$；

(3) $f(x)=|x^2-3x+4|$,$[-2,5]$.

10. 求函数 $y=e^{-x^2}$ 在 $[1,2]$ 上和 **R** 上的最值.

11. 工厂生产某种商品,每批为 Q 单位,所需费用 $C(Q)=5Q+200$,得到利润 $R(Q)=100Q-0.01Q^2$,问每批生产多少单位才能使利润最大?

学校_____ 班级_____ 姓名_____ 评分_____

习题 3-3 一元函数图形的描绘 A 组

一、选择题

1. 若 $f(x)$ 在 (a,b) 内二阶可导，且 $f'(x)$ _____ 0，$f''(x)$ _____ 0，则函数图形在 (a,b) 内单调增加且是凸的.

   A. $<,>$ B. $<,<$ C. $>,<$ D. $>,>$

2. 对于曲线 $y = \dfrac{4x-1}{(x-2)^2}$，( ).

   A. 只有水平渐近线
   B. 只有铅垂渐近线
   C. 没有渐近线
   D. 既有水平渐近线，又有铅垂渐近线

3. 曲线 $y = x^4 - 2x^3 + 3$ 的凸区间是( ).

   A. $(1,+\infty)$ B. $(-\infty,0)$ C. $(0,1)$ D. $(-\infty,+\infty)$

二、填空题

4. 曲线 $y = \ln(1+x^2)$ 的凹区间为_____，拐点为_____.

5. 曲线 $y = \arctan x$ 的水平渐近线为_____.

三、判断题

6. 设 $f(x)$ 在 (a,b) 内二阶可导，如果在 (a,b) 内 $f'(x) < 0$，则 $f(x)$ 在 (a,b) 内的图形是凹的.   (   )

7. 函数 $y = \cos x$ 在区间 $(0,\pi)$ 内有拐点.   (   )

8. 极值点是曲线凹凸的分界点.   (   )

四、解答题

9. 求曲线 $y = x^4 - 6x^3 + 12x^3 - 24x + 12$ 的凹凸区间.

10. 求 $y = \dfrac{1}{x-1}$ 的水平渐近线和垂直渐近线.

11. 求曲线 $y = 2 + (x-4)^{\frac{1}{3}}$ 的拐点.

12. 求 $y = \dfrac{x^2}{1+x}$ 的斜渐近线.

13. 描绘下列函数的图形:

(1) $f(x) = 2x^3 - 3x^2 + 5$;

(2) $f(x) = \dfrac{2x-1}{(x-1)^2}$.

学校_____ 班级_____ 姓名_____ 评分_____

习题 3-3　一元函数图形的描绘　B 组

一、选择题

1. 若 $f(x)$ 在 (a,b) 内二阶可导,且 $f'(x)>0$, $f''(x)<0$,则函数 $y=f(x)$ 在 (a,b) 内(　　).

   A. 单调增加且是凸的　　　　　　　B. 单调增加且是凹的
   C. 单调减少且是凸的　　　　　　　D. 单调减少且是凹的

2. 对于曲线 $y=\dfrac{1}{x-2}$,(　　).

   A. 只有水平渐近线　　　　　　　　B. 只有铅垂渐近线
   C. 没有渐近线　　　　　　　　　　D. 既有水平渐近线,又有铅垂渐近线

3. 曲线 $y=\dfrac{1}{x}$ 的凹区间是(　　).

   A. $(0,+\infty)$　　　B. $(-\infty,0)$　　　C. $(-1,1)$　　　D. $(-\infty,+\infty)$

二、填空题

4. 曲线 $y=\ln(1+x)$ 的凹区间为_____,凸区间为_____,拐点为_____.

5. 曲线 $y=\dfrac{\sin 2x}{x(2x+1)}$ 的垂直渐近线为_____.

三、判断题

6. 设 $f(x)$ 在 (a,b) 内具有二阶导数,如果在 (a,b) 内,$f''(x)>0$,则 $f(x)$ 在 (a,b) 内的图形是凹的.　　　　　　　　　　　　　　　　　　　　　　　　(　　)

7. 函数 $y=\sin x$ 在区间 $(0,\pi)$ 内有拐点.　　　　　　　　　　　　　　(　　)

8. 曲线 $y=\dfrac{x^2}{1+x}$ 有水平渐近线.　　　　　　　　　　　　　　　　(　　)

四、解答题

9. 求曲线 $y=x^4-2x^3$ 的凹凸区间.

10. 求曲线 $y = e^x$ 的渐近线.

11. 求曲线 $y = x^3 + 3x^2 - x - 1$ 的拐点.

12. 试确定 a, b, 使 $y = ax^3 + bx^2$ 在 $(1, 3)$ 处有拐点.

13. 描绘下列函数的图形：

(1) $f(x) = x^4 - 2x^3$；

(2) $f(x) = \dfrac{x^3}{3} - x^2 + 2$.

学校_____ 班级_____ 姓名_____ 评分_____

习题 3-4 洛必达法则 A 组

一、选择题

1. 下列计算正确的是(　　).

   A. $\lim\limits_{x\to\infty}\dfrac{\sin x}{x}=1$ 　　　　B. $\lim\limits_{x\to\infty}\dfrac{1}{x}\sin\dfrac{1}{x}=0$

   C. $\lim\limits_{x\to\infty}\dfrac{x+\cos x}{x-\cos x}$ 不存在 　　　　D. $\lim\limits_{x\to\infty}\operatorname{arccot} x=\pi$

2. 下列极限中能用洛必达法则计算的是(　　).

   A. $\lim\limits_{x\to 0}\dfrac{x\sin x}{x^2}$ 　　　　B. $\lim\limits_{x\to 0}\dfrac{x^2\sin\dfrac{1}{x}}{\sin x}$

   C. $\lim\limits_{x\to\infty}\dfrac{x-\sin x}{x+\sin x}$ 　　　　D. $\lim\limits_{x\to 0}\dfrac{(x+1)\cos x}{\ln(\cos x+1)}$

3. 求 $\lim\limits_{x\to\infty}\dfrac{x}{x+\sin x}$，下面计算正确的是(　　).

   A. 原式 $=\lim\limits_{x\to\infty}\dfrac{1}{1+\cos x}=\dfrac{1}{2}$

   B. 原式 $=\lim\limits_{x\to\infty}\dfrac{1}{1+\dfrac{\sin x}{x}}=\dfrac{1}{1+\lim\limits_{x\to\infty}\dfrac{\sin x}{x}}=\dfrac{1}{1+0}=1$

   C. 原式 $=\lim\limits_{x\to 0}\dfrac{1}{1+\cos x}$，极限不存在

   D. 以上计算都不对

二、填空题

4. $\lim\limits_{x\to 3}\dfrac{\sin(x-3)}{x^2-9}=$ _____.

5. $\lim\limits_{x\to\infty}\dfrac{x^2+2x+3}{2x^2-x-9}=$ _____.

6. $\lim\limits_{x\to 0}\dfrac{\sin kx}{x}(k\neq 0)=$ _____.

三、判断题

7. $\lim\limits_{x\to 1}\dfrac{2x^2-x-1}{x^3-2x^2-1}=\lim\limits_{x\to 1}\dfrac{4x-1}{3x^2-4x}=\lim\limits_{x\to 1}\dfrac{4}{6x-4}=2.$ (　　)

8. $\lim\limits_{x\to\infty}\dfrac{\sin x}{x}=\lim\limits_{x\to\infty}\dfrac{\cos x}{1}=1.$ ( )

四、计算题

9. 用洛必达法则计算下列极限：

(1) $\lim\limits_{x\to 0}\dfrac{e^x+e^{-x}-2}{1-\cos x}$;

(2) $\lim\limits_{x\to +\infty}\dfrac{\ln(e^x+1)}{e^{2x}}$;

(3) $\lim\limits_{x\to 0}\dfrac{1}{x}\cdot(e^x-1)$;

(4) $\lim\limits_{x\to 0}x\cot 3x$;

(5) $\lim\limits_{x\to 1}\left(\dfrac{1}{\ln x}-\dfrac{x}{x-1}\right)$;

(6) $\lim\limits_{x\to 1}x^{\frac{1}{1-x^2}}$;

(7) $\lim\limits_{x\to 0}(1+3x)^{\frac{2}{\sin x}}$;

(8) $\lim\limits_{x\to 0}\cot x\left(\dfrac{1}{\sin x}-\dfrac{1}{x}\right)$;

(9) $\lim\limits_{x\to\infty}(1+x^2)^{\frac{1}{\sqrt{x}}}$;

(10) $\lim\limits_{x\to 0^+}(\tan x)^x$.

学校_____ 班级_____ 姓名_____ 评分_____

习题 3-4 洛必达法则 B 组

一、选择题

1. 下列不属于未定式极限的是（   ）.

   A. $\lim\limits_{x \to 0} \dfrac{\ln(1+x)}{x}$
   B. $\lim\limits_{x \to 0} \dfrac{\sin x}{\cos x}$
   C. $\lim\limits_{x \to \infty} \left(1 + \dfrac{a}{x}\right)^x$
   D. $\lim\limits_{x \to 1} \left(\dfrac{1}{x^2-1} - \dfrac{1}{x-1}\right)$

2. 下列极限中能用洛必达法则计算的是（   ）.

   A. $\lim\limits_{x \to +\infty} \dfrac{x+\sin x}{x-\cos x}$
   B. $\lim\limits_{x \to \infty} \dfrac{x+\sin x}{x}$
   C. $\lim\limits_{x \to \infty} \dfrac{\dfrac{1}{x}\sin x}{\sin \dfrac{1}{x}}$
   D. $\lim\limits_{x \to +\infty} x\left(\dfrac{\pi}{2} - \arctan x\right)$

3. $\lim\limits_{x \to 0} \dfrac{e^x \sin(\tan x)}{2x^2 + x} = ($ $)$.

   A. 0   B. 1   C. $\dfrac{1}{2}$ D. 不存在

二、填空题

4. $\lim\limits_{x \to \infty} \dfrac{\ln x}{x^n} = $ _____.

5. $\lim\limits_{x \to 0} \dfrac{\sqrt{1+x} - 1}{\sin 2x} = $ _____.

6. $\lim\limits_{x \to 0^+} \left(\dfrac{1}{x}\right) \tan x = $ _____.

三、判断题

7. $\lim\limits_{x \to \infty} \dfrac{x + \cos x}{x - \cos x} = \lim\limits_{x \to \infty} \dfrac{1 - \sin x}{1 + \sin x} = \lim\limits_{x \to \infty} \dfrac{-\cos x}{\cos x} = -1$.   (   )

8. $\lim\limits_{x \to 1} \left(\dfrac{x}{x-1} - \ln x\right) = \infty - \infty = 0$.   (   )

四、计算题

9. 用洛必达法则计算下列极限：

(1) $\lim\limits_{x \to \frac{\pi}{2}} \dfrac{\cos x}{x - \dfrac{\pi}{2}}$；

(2) $\lim\limits_{x \to +\infty} \dfrac{x}{e^x}$；

(3) $\lim\limits_{x \to 0} \left(\dfrac{1}{x} - \dfrac{1}{e^x - 1} \right)$；

(4) $\lim\limits_{x \to 0^+} (\sin x)^x$.

学校_____   班级_____   姓名_____   评分_____

习题 3-5　导数在经济领域中的应用举例　A 组

一、选择题

1. 弹性分析研究的是(　　).
   A. 绝对改变量和绝对变化率 　　B. 相对改变量和绝对变化率
   C. 绝对改变量和相对变化率 　　D. 相对改变量和相对变化率

2. 设某一商品的需求函数为 $Q=m-nP$（$m,n>0$），则需求量对价格的弹性是(　　).
   A. $\dfrac{-n}{m-n}$　　B. $\dfrac{nP}{m-np}\%$　　C. $-m\%$　　D. $\dfrac{-n}{m-n}\%$

3. 已知函数 $y=2^x-6$，则其边际函数为(　　).
   A. 2^x　　B. 2^x-6　　C. $2^x\ln 2$　　D. $2^x\ln 2+6$

二、填空题

4. 在经济学的弹性分析中，包含_____、_____、_____.

5. 边际成本 $C'(Q_0)$ 的经济意义是：当产量为 Q_0 时，再增产或（减产）_____，所需_____的成本数量.

6. 成本、收益、利润三者的关系为_____.

三、判断题

7. 已知需求函数为 $Q(P)=6-2P$，则收益函数 $R(Q)=\dfrac{6-Q}{2}Q$.　　　　(　　)

8. 需求弹性与供给弹性之和为 1.　　　　　　　　　　　　　　　　　　(　　)

四、解答题

9. 设某商品的利润函数为 $L(Q)=200Q-4Q^2$，求当 $Q=20$ 时的边际利润.

10. 设某商品的成本函数为 $C(Q)=100+Q^2+3Q$，求：
(1) 生产 50 个单位时的总成本及平均成本；
(2) 边际成本函数及生产 50 个单位时的边际成本，并说明其经济意义.

11. 已知某商品的需求函数为 $Q=50-P^2$，求：
(1) 当 $P=4$ 时的需求弹性；
(2) 当 $P=4$ 时，若价格提高 1%，总收益是增加还是减少？变化百分之几？

学校_____　　班级_____　　姓名_____　　评分_____

习题 3-5　导数在经济领域中的应用举例　B 组

一、选择题

1. 边际分析研究的是(　　).
   A. 绝对改变量和绝对变化率
   B. 相对改变量和绝对变化率
   C. 绝对改变量和相对变化率
   D. 相对改变量和相对变化率

2. 已知需求弹性 $\eta(P_0)=0.2$，说明当 $P=P_0$ 时，以下说法正确的是(　　).
   A. 价格上涨 1%，需求量将增加 0.2
   B. 价格下跌 1%，需求量将增加 0.2
   C. 价格上涨 1%，需求量将减少 0.2%
   D. 价格下跌 1%，需求量将减少 0.2%

3. 已知函数 $y=e^x$，则其弹性函数为(　　).
   A. e^x　　　　B. 1　　　　C. x　　　　D. xe^x

二、填空题

4. 在经济学的边际分析中，包含_____、_____、_____.

5. 供给弹性的经济意义是：当价格 $P=P_0$ 时，商品价格上涨(或下跌)_____，则该商品的供应量将增加(或减少)_____.

6. 边际需求 $Q'(P_0)$ 的经济意义是：当销售价格为 P_0 时，价格上涨 1 个单位时，需求量将_____的需求数量.

三、判断题

7. 已知成本函数为 $C(Q)$，则 $C'(Q)=C'(Q_0)$.　　　　　　　　　　　　　　　　　　(　　)

8. 当需求弹性大于 1 时，则价格上涨收益会减少.　　　　　　　　　　　　　　　　(　　)

四、解答题

9. 设某商品的收益函数为 $R(Q)=50Q-Q^2$，求当 $Q=15$ 时的边际收益.

10. 设生产某产品 x 吨时的成本函数 $C(x)=100+3x+0.02x^2$（单位：万元），收入函数 $R(x)=9x+0.01x^2$（单位：万元），求：

(1) 该产品的边际利润函数.

(2) 当产量分别是 200 吨、300 吨和 400 吨时的边际利润，并说明其经济意义.

11. 已知某商品的需求函数为 $Q=60-3P$，求当 $P=10$ 时的需求弹性及收益弹性，并说明其经济意义.

12. 一商家销售某种商品的价格为 $P(Q)=7-0.2Q$（单位：万元/吨），Q 为销售量，商品的成本函数为 $C(Q)=3Q+1$（单位：万元）.

(1) 若每销售 1 吨商品，政府要征税 a 元（单位：万元），求该商家获最大利润时的销售量.

(2) a 为何值时，政府税收最大？

学校_____ 班级_____ 姓名_____ 评分_____

复习题三 A组

一、选择题

1. 设函数 $f(x)$ 在区间 (a,b) 内可导,则在 (a,b) 内,$f'(x)<0$ 是 $f(x)$ 在 (a,b) 内单调减少的(　　)条件.
   A. 必要非充分条件　　B. 充分非必要条件　　C. 充要条件　　D. 无关条件

2. 函数 $f(x)=\sin x$ 在 $\left[0,\dfrac{\pi}{2}\right]$ 上满足拉格朗日中值定理的条件,则结论中的 ξ 值为(　　).
   A. $2\dfrac{2}{\pi}$　　B. $\cos\dfrac{2}{\pi}$　　C. $\arccos\dfrac{2}{\pi}$　　D. $\dfrac{\pi}{2}$

3. 如果 $f'(x_0)=0$,$f''(x_0)>0$,则(　　).
   A. $f(x_0)$ 是函数 $f(x)$ 的极大值
   B. $f(x_0)$ 是函数 $f(x)$ 的极小值
   C. $f(x_0)$ 不是函数 $f(x)$ 的极值
   D. 不能判定 $f(x_0)$ 是否为函数 $f(x)$ 的极值

4. 下列命题中正确的是(　　).
   A. 若 x_0 为 $f(x)$ 的极值点,则必有 $f'(x_0)=0$
   B. 若 $f'(x_0)=0$,则 x_0 必为 $f(x)$ 的极值点
   C. 若 $f(x)$ 在 (a,b) 内存在极大值,也存在极小值,则极大值必定大于极小值
   D. 若 x_0 为函数 $f(x)$ 的极值点,则 $f'(x_0)=0$ 或 $f'(x_0)$ 不存在

5. 点 $x=0$ 是函数 $y=x^4$ 的(　　).
   A. 驻点但非极值点　　　　　　　　B. 拐点
   C. 驻点且是拐点　　　　　　　　　D. 驻点且是极值点

6. 函数 $y=x-\sin x$ 在 $(-2\pi,2\pi)$ 内的拐点个数是(　　).
   A. 1　　B. 2　　C. 3　　D. 4

7. 曲线 $y=-\mathrm{e}^{2(x+1)}$ 的渐近线情况是(　　).
   A. 只有水平渐近线　　　　　　　　B. 只有铅垂渐近线
   C. 既有水平渐近线,又有铅垂渐近线　D. 既无水平渐近线,也无铅垂渐近线

8. 曲线 $y=ax^3+bx^2+1$ 的拐点是 $(1,3)$,则 a,b 的值为(　　).
   A. $a=\dfrac{4}{5}$,$b=\dfrac{6}{5}$　　　　　　　　B. $a=2$,$b=0$
   C. $a=-\dfrac{3}{2}$,$b=\dfrac{9}{2}$　　　　　　　D. $a=-1$,$b=3$

9. 函数 $f(x)=2x^2-\ln x$ 在区间 $(0,2)$ 内( ).
   A. 单调减少   B. 单调增加   C. 有增有减   D. 不增不减

10. 设 $f(x)=\dfrac{1}{3}x^3-x$，则 $x=1$ 为 $f(x)$ 在 $[-2,2]$ 上的( ).
    A. 极小值点，但不是最小值点   B. 极小值点，也是最小值点
    C. 极大值点，但不是最大值点   D. 极大值点，也是最大值点

二、填空题

11. 如果函数 $f(x)$ 在 x_0 可导，且取得极值，则 $f'(x_0)=$_____.

12. 函数 $f(x)=xe^x$ 在区间_____单调增加，在区间_____内单调减少，在点_____处取得极值.

13. 函数 $f(x)$ 在 x_0 处有 $f'(x_0)=0$，$f''(x_0)<0$，则 $f(x_0)$ 是 $f(x)$ 的极_____值.

14. 函数 $f(x)=\dfrac{1}{9}x^3-\dfrac{1}{3}x^2-x$ 在 $x=$_____处取得极大值，在 $x=$_____处取得极小值，点_____是拐点.

15. 若函数 $y=f(x)$ 在 (a,b) 内有二阶导数，对任意 $x\in(a,b)$，则当 $f''(x)>0$ 时，则 $y=f(x)$ 在 (a,b) 内是_____；当 $f''(x)<0$ 时，$y=f(x)$ 在 (a,b) 内是_____；凹与凸的分界点，称为_____.

16. 设函数 $f(x)$ 在 x_0 处可导，则 x_0 是 $f(x)$ 的极值点是 x_0 为 $f(x)$ 的驻点的_____条件.

17. 曲线 $f(x)=xe^{-x}$ 的凹区间是_____.

18. 函数 $f(x)=\dfrac{1}{3}x^3-3x^2+9x$ 在闭区间 $[0,4]$ 上的最大值为_____.

19. 曲线 $f(x)=\dfrac{3}{x-2}$ 的水平渐近线为_____，铅垂渐近线为_____.

20. 设 x_0 是函数 $f(x)$ 的拐点，则 $f''(x)$_____.

三、判断题

21. x_0 是 $f(x)$ 的驻点，则 $f(x)$ 在 x_0 处一定取得极值. ( )
22. 若 x_0 是 $f(x)$ 的极值点，则 $f'(x_0)=0$ 或 $f'(x_0)$ 不存在. ( )
23. 若 $f'(x_0)=0$，且 $f''(x_0)>0$，则 x_0 是 $f(x)$ 的极小值点. ( )
24. 若 $f(x)$ 在区间 $[a,b]$ 上连续，则函数 $f(x)$ 在 $[a,b]$ 上至少存在一个最大值，同时至少存在一个最小值. ( )
25. 若 $f(x)$ 在区间 $[a,b]$ 上连续，则函数 $f(x)$ 在 $[a,b]$ 内一定有极值. ( )
26. 函数 $y=x^2$ 在 $(0,+\infty)$ 上是凹的. ( )
27. $x=0$ 是函数 $y=3x^3+3$ 的拐点. ( )
28. 若 $x=x_0$ 是函数 $y=f(x)$ 的极值点，则 x_0 也有可能是函数 $f(x)$ 的拐点. ( )
29. $\lim\limits_{x\to\infty}\dfrac{x-\sin x}{x+\sin x}\xlongequal{\frac{\infty}{\infty}}\lim\limits_{x\to\infty}\dfrac{1-\cos x}{1+\cos x}=1$. ( )
30. $\lim\limits_{x\to\infty}\dfrac{\sin x}{x}=\lim\limits_{x\to\infty}\dfrac{\cos x}{1}=1$. ( )

复习题三　A组

四、解答题

31. 求下列函数的极限：

(1) $\lim\limits_{x\to 3}\dfrac{\sqrt{x+1}-2}{x-3}$；

(2) $\lim\limits_{x\to 2}\dfrac{x^2-x-2}{\sin(x-2)}$；

(3) $\lim\limits_{x\to 0}\dfrac{\sin(4x)}{\sqrt{x+2}-\sqrt{2}}$；

(4) $\lim\limits_{x\to 3}\dfrac{\sin(x-3)}{x^2-7x+12}$；

(5) $\lim\limits_{x\to +\infty}(x-\ln(e^x+1))$；

(6) $\lim\limits_{x\to \infty}(\ln x)^{\frac{1}{x}}$；

(7) $\lim\limits_{x\to \infty}\left(\dfrac{x^2-1}{x^2+1}\right)^{x^2}$；

(8) $\lim\limits_{x\to 0^+}x^2\ln x$；

(9) $\lim\limits_{x\to +\infty}\left(\dfrac{2}{\pi}\arctan x\right)^x$；

(10) $\lim\limits_{x\to a}\left(\dfrac{\sin x}{\sin a}\right)^{\frac{1}{x-a}}$；

(11) $\lim\limits_{x\to 0}(1-x)^{\cot x}$；

(12) $\lim\limits_{x\to \frac{\pi}{2}}(\sec x-\tan x)$.

32. 求下列函数的极值：

(1) $y = \dfrac{2x}{1+x^2}$;

(2) $y = \dfrac{(\ln x)^2}{x}$;

(3) $y = \arctan x - \dfrac{1}{2}\ln(1+x^2)$;

(4) $y = 2x^3 - x^4$.

33. 讨论下列函数的单调性：

(1) $y = x - \sin x$;

(2) $y = e^{\frac{1}{x}+x}$;

(3) $y = 2x^3 - 3x^2 - 12x + 2$;

(4) $y = x^n e^{-x}$.

34. 求下列函数的最值：

(1) $y = x^5 - 5x^4 + 5x^3 + 1$, $x \in [-1, 2]$;

(2) $y = x + \sqrt{1-x}$, $x \in [-5, 1]$;

(3) $y = \dfrac{x}{1+x}$, $x \in [0, 4]$.

35. 求下列函数的凹凸区间和拐点：

(1) $y = 2x^3 - 3x^2 - 36x + 25$; (2) $y = x + \dfrac{1}{x+2}$.

36. 画出下列函数的图形：

(1) $y = \dfrac{1}{5}(x^4 - 6x^2 + 8x + 7)$; (2) $y = \ln(x^2 + 1)$.

37. 某单位欲建一个容积为 300 立方米的无盖圆柱形水池，已知它的底面积的单位造价是侧面积单位造价的 2 倍，问蓄水池的底面半径为多少时，总造价最低？

38. 将长为 a 的铁丝切成两段:一段围成正方形,另一段围成圆形.问两段铁丝各长多少时,正方形与圆形面积之和最小?

39. 在半径为 R 的半圆形内作一矩形,问正方形边长为多少时,可使得矩形面积最大?

学校_____ 班级_____ 姓名_____ 评分_____

复习题三 B 组

一、选择题

1. 函数 $f(x)$ 在 (a,b) 内恒有 $f'(x)>0$，$f''(x)<0$，则 $f(x)$ 在 (a,b) 内（   ）.
   A. 单调递增且上凸　　　　　　　　B. 单调递减且上凸
   C. 单调递增且下凸　　　　　　　　D. 单调递减且下凸

2. 若 $f'(x_0)$ 存在，则 $\lim\limits_{\Delta x \to 0}\dfrac{f[x_0+(\Delta x)^2]-f[x_0-(\Delta x)^2]}{(\Delta x)^2}=$（   ）.
   A. $f'(x_0)-2f''(x_0)$　　　　　　B. $2f'(x_0)$
   C. $-2f'(x_0)$　　　　　　　　　　D. 0

3. 函数 $y=x^3-3x$ 的单调递减区间为（   ）.
   A. $(-\infty,-1]$　　　　　　　　　B. $[-1,1]$
   C. $[1,+\infty)$　　　　　　　　　　D. $(-\infty,+\infty)$

4. 已知函数 $f(x)=(x-1)(x+1)^3$，则 $f(x)$ 的单调递增区间是（   ）.
   A. $(-\infty,-1]$　　　　　　　　　B. $\left[-1,\dfrac{1}{2}\right)$
   C. $\left(\dfrac{1}{2},+\infty\right)$　　　　　　　　　D. $(-\infty,+\infty)$

5. 下列函数在 $[1,e]$ 上满足拉格朗日中值定理条件的是（   ）.
   A. $\ln(\ln x)$　　　　　　　　　　B. $\ln x$
   C. $\dfrac{1}{\ln x}$　　　　　　　　　　　D. $\ln(2-x)$

6. 下列求极限问题中能够使用洛必达法则的是（   ）.
   A. $\lim\limits_{x\to 0}\dfrac{x^2\sin\dfrac{1}{x}}{\sin x}$　　　　　　B. $\lim\limits_{x\to\infty}\dfrac{x+\sin x}{x-\sin x}$
   C. $\lim\limits_{x\to 0}\dfrac{x-\sin x}{x\sin x}$　　　　　　D. $\lim\limits_{x\to 1}\dfrac{x+\ln x}{x-1}$

7. 下列曲线在其定义域内为上凹的是（   ）.
   A. $y=e^{-x}$　　　　　　　　　　B. $y=\ln(1+x^2)$
   C. $y=\arctan x$　　　　　　　　　D. $y=\sin(x^2+2)$

8. 点 $(0,1)$ 是函数 $y=x^3+1$ 的（   ）.
   A. 驻点非拐点　　　　　　　　　　B. 驻点且拐点
   C. 拐点非驻点　　　　　　　　　　D. 驻点且极值点

9. 函数 $f(x)=|x-1|$，点 $(1,0)$ 为 $f(x)$ 的（　　）.
   A. 极小值点　　　　　　　　　　B. 极大值点
   C. 非极值点　　　　　　　　　　D. 间断点

10. 函数 $y=ax^2+b$ 在区间 $(0,+\infty)$ 内单调增加，则 a,b 满足（　　）.
    A. $a<0, b=0$　　　　　　　　B. $a>0, b$ 可为任意实数
    C. $a<0, b\neq 0$　　　　　　　D. 无法说清 a,b 的规律

二、填空题

11. $\lim\limits_{x\to 1}(1-x)\tan\dfrac{\pi x}{2}=$ _____.

12. $\lim\limits_{x\to 0}\dfrac{\sqrt{1+x}-1}{\sin 2x}=$ _____.

13. 函数 $y=\sqrt[3]{x}$ 在 $(0,1)$ 内满足拉格朗日中值定理的 $\xi=$ _____.

14. $y=x-\dfrac{3}{2}x^{\frac{2}{3}}$ 的单调递增区间为 _____，单调递减区间为 _____.

15. 曲线 $y=x^3-3x^2$ 的拐点坐标是 _____.

16. $f(x)=3-x-(x+2)^2$ 在区间 $[-1,2]$ 上的最大值为 _____，最小值为 _____.

17. 设某产品的成本函数 $C(Q)=Q^2+2Q+30$，则产量为 100 时的边际成本为 _____.

18. 曲线 $y=xe^{-x}$ 的凸区间为 _____.

19. 曲线 $f(x)=\dfrac{1}{x+3}$ 的水平渐近线为 _____，铅垂渐近线为 _____.

20. 设函数 $f(x)$ 在 x_0 处具有二阶导数，则 $f(x)$ 的拐点是 $(x_0, f(x_0))$ 为 $f''(x_0)=0$ 的 _____ 条件.

三、判断题

21. $\lim\limits_{x\to 1}\dfrac{2x^2-x-1}{x^3-2x^2-1}=\lim\limits_{x\to 1}\dfrac{4x-1}{3x^2-4x}=\lim\limits_{x\to 1}\dfrac{4}{6x-4}=2.$　　（　　）

22. $\lim\limits_{x\to 1}\left(\dfrac{x}{x-1}-\dfrac{1}{\ln x}\right)=\infty-\infty=0.$　　（　　）

23. 函数 $y=\dfrac{x-1}{x^2-1}$ 的铅垂渐近线是 $x=1$ 或 $x=-1$.　　（　　）

24. 若 $f'(x)$ 在 (a,b) 内有 $f'(x)>0$，则函数 $f(x)$ 在 $[a,b]$ 上单调增加.　　（　　）

25. 若 $f'(x_0)=0$，则 $f(x)$ 在 x_0 处一定取得极值.　　（　　）

26. 若 $f'(x_0)=0$，且 $f''(x_0)<0$，则 x_0 是 $f(x)$ 的极大值点.　　（　　）

27. 若函数 $f(x)$ 在 (a,b) 内连续，则 $f(x)$ 在 (a,b) 至少存在一个最大值，同时至少存在一个最小值.　　（　　）

28. 若 $f(x)$ 在 x_0 处取得最值，则 x_0 一定是 $f(x)$ 的极值点.　　（　　）

29. 函数 $y=\sin 2x$ 在 $(-\pi,\pi)$ 内的拐点是 $x=0$.　　（　　）

30. $y=3x^2+2$ 在定义域 $(-\infty,+\infty)$ 内是凹的.　　（　　）

复习题三 B组

四、解答题

31. 求下列函数的极限：

(1) $\lim\limits_{x \to 0} \dfrac{\sin 5x}{\sin 8x}$;

(2) $\lim\limits_{x \to a} \dfrac{x^m - a^m}{x^n - a^n}$;

(3) $\lim\limits_{x \to \infty} \dfrac{\ln(x^2 + 1)}{x^2}$;

(4) $\lim\limits_{x \to 1} \dfrac{x^2 - 3x + 2}{x^3 - 1}$;

(5) $\lim\limits_{x \to +\infty} \dfrac{\ln x}{\sqrt{x}}$;

(6) $\lim\limits_{x \to +\infty} \dfrac{e^x}{x^3}$;

(7) $\lim\limits_{x \to 0} \dfrac{\sin x - x}{x^2 \sin x}$;

(8) $\lim\limits_{x \to \infty} \dfrac{x + \sin x}{1 + x}$;

(9) $\lim\limits_{x \to 0} \dfrac{e^x - \cos x}{\sin x}$;

(10) $\lim\limits_{x \to 1^+} \dfrac{\ln(x - 1) - x}{\tan \dfrac{\pi}{2x}}$;

(11) $\lim\limits_{x \to 0} (\sin 2x + \cos x)^{\frac{1}{x}}$;

(12) $\lim\limits_{x \to \infty} (1 + x)^{\frac{1}{x}}$;

(13) $\lim\limits_{x\to 0}\left(\dfrac{1}{x^2}-\dfrac{1}{x\tan x}\right)$;

(14) $\lim\limits_{x\to a}\left(\dfrac{\sin x}{\sin a}\right)^{\frac{1}{x-a}}$;

(15) $\lim\limits_{x\to 0^+}\arcsin x\cdot\cot x$;

(16) $\lim\limits_{x\to 0^+}\left(\dfrac{1}{x}\right)^{\tan x}$;

(17) $\lim\limits_{x\to 0}(1-x)^{\cot x}$;

(18) $\lim\limits_{x\to\frac{\pi}{2}}(\sec x-\tan x)$.

32. 求下列函数的极值：

(1) $f(x)=(x-3)^2(x-2)$;

(2) $f(x)=2x^2-\ln x$;

(3) $f(x)=2-(x-1)^{\frac{2}{3}}$;

(4) $f(x)=x\mathrm{e}^{-x}$.

33. 讨论下列函数的单调性：

(1) $y=x^2-4x$;

(2) $y=x+\dfrac{1}{x}$;

(3) $f(x)=\dfrac{x}{\ln x}$;

(4) $f(x)=\sqrt[3]{(x+1)^2}$.

复习题三　B组

34. 求下列函数的最值：
(1) $f(x)=x^3-3x+2$, $x\in[-2,2]$;　　(2) $f(x)=x-2\sqrt{x}$, $x\in[0,4]$;

(3) $y=\dfrac{x}{1+x}$, $x\in[0,4]$.

35. 求下列函数的凹凸区间和拐点：
(1) $y=6x-3x^2$;　　(2) $y=\sqrt[3]{x}$.

36. 画出下列函数的图形：
(1) $f(x)=3x^2-x^3$;　　(2) $f(x)=\ln(x^2-1)$.

37. 一商家销售某种商品的价格为 $P=7-0.2Q$（单位：万元/吨），Q 为销售量（单位：吨），商品的成本函数为 $C=3Q+1$（单位：万元）.
(1) 若每销售 1 吨商品，政府要征税 a 万元，求该商家获最大利润时的销售量；
(2) a 为何值时，政府税收最大？

38. 已知某商品的需求函数 $Q=100-2P$，求 $P=10$ 时的需求弹性及收益弹性，并说明其经济意义.

39. 某产品总成本 C 为月产量 x 的函数：$C(x) = \frac{1}{9}x^2 + 6x + 100$（元/件），产品售价为 P，需求函数为 $x = -3P + 138$. 求：
    (1) 总收入函数 $R(x)$；
    (2) 总利润函数 $L(x)$；
    (3) 为使利润最大化，应销售多少产品？
    (4) 最大利润是多少？

40. 某产品总成本 C 为月产量 x 的函数：$C(x) = \frac{1}{4}x^2 + 6x + 100$（元/件），产品售价为 P，需求函数为 $x = -2P + 100$. 求：
    (1) 当 $x = 10$ 时的总成本和边际成本；
    (2) 求总收入函数. 当销售价格 P 为多少时，总收入最大？最大收入为多少？

第 4 章　不定积分

学校_____ 班级_____ 姓名_____ 评分_____

习题 4-1　不定积分的概念与积分的基本公式和法则　A 组

一、选择题

1. 以下等式成立的是(　　).

   A. $\int \dfrac{1}{x^2}\mathrm{d}x = -\dfrac{1}{x} + C$　　　　B. $\int 5^x \mathrm{d}x = 5^x + C$

   C. $\int \cos 2x\, \mathrm{d}x = \sin 2x + C$　　　　D. $\int \tan x\, \mathrm{d}x = \sec^2 x + C$

2. $\int (\sin 2x)'\,\mathrm{d}x = ($　　$)$.

   A. $-\cos 2x + C$　　B. $-\dfrac{1}{2}\cos 2x + C$　　C. $2\sin 2x + C$　　D. $\sin 2x + C$

二、填空题

3. 设 $\mathrm{d}F(x) = (3\sin x + \cos x)\mathrm{d}x$，则 $F(x) = $ _____，$F'(x) = $ _____.

4. 设 $f(x) = \mathrm{e}^x + x^2$，则 $\int f(x)\mathrm{d}x = $ _____.

5. 设 $F_1(x)$ 与 $F_2(x)$ 是 $f(x)$ 的原函数，则 $\mathrm{d}(F_1(x) - F_2(x)) = $ _____.

三、判断题

6. 设 $F'(x) = f(x)$，则 $f(x)$ 的原函数存在且唯一.　　　　　　　　　　(　　)

7. 设 $(x^3)' = 3x^2$，则 x^3 称为 $3x^2$ 的不定积分.　　　　　　　　　　(　　)

8. $\left(\int \dfrac{1}{1+x^2}\mathrm{d}x\right)' = \dfrac{1}{1+x^2}$.　　　　　　　　　　　　　　　　(　　)

四、计算题

9. $\int \left(2\mathrm{e}^x + \dfrac{3}{x}\right)\mathrm{d}x$.

10. $\int \dfrac{x^2}{1+x^2}\mathrm{d}x$.

11. $\int \dfrac{\cos 2x}{\cos x - \sin x}\mathrm{d}x$.

12. $\int \dfrac{(1-x)^2}{\sqrt{x}}\mathrm{d}x$.

13. 物体由静止开始作变速直线运动，t 秒后的速度 $v(t)=3t^2(\mathrm{m/s})$，在 3 秒后物体离出发点的距离为多少米？

学校_____ 班级_____ 姓名_____ 评分_____

习题 4-1 不定积分的概念与积分的基本公式和法则 B组

一、选择题

1. 如果 $F_1(x)$ 和 $F_2(x)$ 是函数 $f(x)$ 的两个不同的原函数，则 $(F_1(x)-F_2(x))'=$（   ）.

   A. $f(x)+C$ B. 0 C. 一次函数   D. 非零常数

2. $\int 3^x e^x dx =$（   ）.

   A. $3^x e^x + C$ B. $3e^x + C$ C. $\dfrac{3^x}{\ln 3} + C$ D. $\dfrac{(3e)^x}{\ln 3e} + C$

3. $\int [\ln(1+e^x)]' dx =$（   ）.

   A. $\ln(1+e^x)$ B. $\dfrac{e^x}{1+e^x}$ C. $\ln(1+e^x)+C$ D. $1+e^x$

二、填空题

4. 设 $f(x)=2x$，则 $f'(x)=$_____，$df(x)=$_____，$f(x)$ 的原函数是_____.

5. 设 $f(x)=x^3+3^x$，则 $\int f(x)dx=$_____.

6. $d\left(\int \dfrac{\sin x}{1+\cos x}dx\right)=$_____，$\left(\int \dfrac{\cos x}{1+x^2}dx\right)'=$_____.

7. $\int d(x^3-2x+1)=$_____.

三、判断题

8. $\int e^{2x}dx = e^{2x}+C$ 成立． （   ）

9. $\int \dfrac{1}{x}dx = -\dfrac{1}{x^2}+C$ 成立． （   ）

四、计算题

10. $\int x^2\sqrt{x}\,dx$.

11. $\int \dfrac{3x^4 + 3x^2 + 1}{x^2 + 1} \mathrm{d}x$.

12. $\int \left(\dfrac{3}{1+x^2} - \dfrac{2}{\sqrt{1-x^2}} \right) \mathrm{d}x$.

13. $\int \dfrac{2 \cdot 3^x - 5 \cdot 2^x}{3^x} \mathrm{d}x$.

14. $\int \cos^2 \dfrac{x}{2} \mathrm{d}x$.

学校_____ 班级_____ 姓名_____ 评分_____

习题 4-2 换元积分法 A 组

一、选择题

1. 下列式中不成立的是(　　).

   A. $\int \dfrac{\mathrm{d}x}{\sqrt{1-x^2}} = -\arccos x\, \mathrm{d}x$
   B. $\int 2^x \mathrm{d}x = \dfrac{2^x}{\ln 2} + C$
   C. $\int \arcsin x\, \mathrm{d}x = \dfrac{1}{\sqrt{1-x^2}} + C$
   D. $\int \sin 2x\, \mathrm{d}x = -\dfrac{1}{2}\cos 2x + C$

2. 函数 $f(x) = \ln|x| + C$ 是(　　)的不定积分.

   A. $\ln^{-1} x$
   B. $\dfrac{1}{x}$
   C. $-\dfrac{1}{x^2}$
   D. $\dfrac{1}{2}\ln^2 x$

3. $\int \dfrac{2x+3}{x^2+3x-5}\mathrm{d}x = (\quad)$.

   A. $\ln|x^2+3x-5| + C$
   B. $\dfrac{1}{2}(x^2+3x-5)^2 + C$
   C. $\dfrac{1}{2}\ln|x^2+3x-5| + C$
   D. $2\ln|x^2+3x-5| + C$

二、填空题

4. $\dfrac{\mathrm{d}x}{1+16x^2} = (\qquad)\mathrm{d}(8 + \arctan 4x)$.

5. $\int \underline{\qquad}\, \mathrm{d}\ln x = \ln^3 x + C$.

6. $\int \dfrac{(\arctan x)^3}{1+x^2}\mathrm{d}x = (\qquad)$.

三、判断题

7. $x\mathrm{e}^{x^2}\mathrm{d}x = -\dfrac{1}{2}\mathrm{d}\mathrm{e}^{x^2}$.　　　　(　　)

8. $\int f(2x^5)x^4\mathrm{d}x = \dfrac{1}{10}\int f(2x^5)\mathrm{d}(2x^5)$.　　　　(　　)

四、计算题

9. $\int \dfrac{dx}{\sqrt[3]{2-3x}}$.

10. $\int \dfrac{\sin\sqrt{t}}{\sqrt{t}} dt$.

11. $\int \sec^6 x \, dx$.

12. $\int \dfrac{1}{\sqrt{x}+\sqrt[3]{x^2}} dx$.

13. $\int \dfrac{x^2 \, dx}{\sqrt{a^2-x^2}}$ $(a>0)$.

学校_____ 班级_____ 姓名_____ 评分_____

习题 4-2 换元积分法 B 组

一、选择题

1. 选用第二类换元积分法求 $\int \dfrac{1}{x^2\sqrt{1+x^2}}dx$ 时，可作代换的是（　　）.

   A. $x=\sin t$ B. $x=\sec t$ C. $x=\cos t$ D. $x=\tan t$

2. 函数 $f(x)=\dfrac{1}{1+x^2}$ 的原函数是（　　）.

   A. $\arcsin x$ B. $\arctan x$ C. $-(1+x^2)$ D. $-(1+x^2)^2$

3. $\int x^2 \cdot e^{x^3} dx =$（　　）.

   A. $\dfrac{1}{3}e^{x^3}+C$ B. $\dfrac{1}{3}x\cdot e^{x^3}+C$ C. $\dfrac{1}{2}x^2 e^{x^3}+C$ D. $3e^{x^3}+C$

二、填空题

4. $e^{-\frac{x}{3}}dx = $ _____ $d(4+e^{-\frac{x}{3}})$.

5. $\int ($ _____ $)d\ln x = \ln^3 x + C$.

6. $\int \dfrac{2x-5}{x^2-5x+6}dx = \int \dfrac{d(\quad)}{x^2-5x+6} = $ _____ .

三、判断题

7. $\int 2\cos 2x\, dx = \sin x$.　　　　　　　　　　　　　　　　　　　　（　　）

8. $dx = \dfrac{1}{15}d(15x+8)$.　　　　　　　　　　　　　　　　　　　　（　　）

四、计算题

9. $\int 2x\, e^{x^2} dx$.

10. $\int \dfrac{e^{\sqrt[3]{x}}}{\sqrt{x}} dx$.

11. $\int \dfrac{3x^3}{1-x^4} dx$.

12. $\int \dfrac{\sin x}{\cos^3 x} dx$.

13. $\int \dfrac{1}{x+\sqrt{x}} dx$.

学校_____ 班级_____ 姓名_____ 评分_____

习题 4-3 分部积分法 A 组

一、选择题

1. $\int x \sin \dfrac{3}{2} x \, dx = \underline{\qquad} \int x \, d\left(\cos \dfrac{3}{2} x\right)$.

   A. $-\dfrac{2}{3}$　　　　　　　　　　B. $\dfrac{3}{2}$

   C. $\dfrac{2}{3}$　　　　　　　　　　　D. $-\dfrac{3}{2}$

2. $\int \log_2 x \, dx = ($　　$)$.

   A. $\dfrac{1}{x \ln 2} + C$　　　　　　B. $\log_2 x \cdot x + C$

   C. $x \log_2 x - \dfrac{x}{\ln 2} + C$　　D. $x \log_2 x + \dfrac{x}{\ln 2x} + C$

二、填空题

3. $\int \ln x \, dx = \underline{\qquad} \int \ln x \, d(7x - 3)$.

4. $\int \dfrac{x}{\sqrt{1-x^2}} dx = \int x \, d\underline{\qquad}$.

5. $\int x^2 e^{-x} dx = \underline{\qquad} \int x^2 d(e^{-x}) = -x^2 e^{-x} + \int \underline{\qquad} d\underline{\qquad}$.

三、判断题

6. 设 u, v 是连续可导函数，则 $\int v \, du = uv - \int u \, dv$. 　　　　　　　　　(　　)

7. $\int \arccos x \, dx = x \arccos x - \int x \, d\arccos x = x \arccos x + \int \dfrac{x}{\sqrt{1-x^2}} dx = x \arccos x - \sqrt{1-x^2} + C$. 　　　　　　　　　　　　　　　　　　　　　　　　　(　　)

8. $\int e^x \cdot x \, dx = \dfrac{1}{2} \int e^x d(x^2) = \dfrac{1}{2} e^x \cdot x^2 - \dfrac{1}{2} \int x^2 \cdot e^x dx = \dfrac{1}{2} e^x \cdot x^2 - \dfrac{1}{6} \int e^x d(x^3)$.

　　　　　　　　　　　　　　　　　　　　　　　　　　　　　　　(　　)

四、计算题

9. $\int \ln x \, dx$.

10. $\int e^{-x} \cos x \, dx$.

11. $\int x^2 \cos x \, dx$.

12. $\int x \tan^2 x \, dx$.

13. $\int x \arcsin x \, dx$.

14. $\int (x+1) \ln x \, dx$.

学校_____ 班级_____ 姓名_____ 评分_____

习题 4-3 分部积分法 B组

一、选择题

1. $\int \ln x \, dx = (\quad)$.

   A. $\dfrac{1}{x} + C$ B. $x\ln x + C$ C. $x\ln x - x + C$ D. $x\ln x + x + C$

2. $\int x \arcsin x \, dx = \int \arcsin x \, d(\quad)$.

   A. x^2 B. $\dfrac{x^2}{2}$ C. x D. $2x$

二、填空题

3. $\int x \sin 3x \, dx = \int x \, d\underline{\qquad} = \underline{\qquad} \int x \, d(\cos 3x)$.

4. $\int \dfrac{\ln x}{x} \, dx = \int \underline{\qquad} d\ln x$.

5. $\int \sin x \, e^{2x} \, dx = \underline{\qquad} \int \sin x \, d(e^{2x}) = \int e^{2x} \, d\underline{\qquad}$.

三、判断题

6. $\int f(x) \, d(g(x)) = f(x) \cdot g(x) + \int g(x) \, df(x)$. (　　)

7. $\int x e^{-x} \, dx = \int x \, de^{-x} = x \cdot e^{-x} - \int e^{-x} \, dx = x e^{-x} - e^{-x} + C$. (　　)

8. $\int \sin x \cdot x \, dx = \dfrac{1}{2} \int \sin x \, d(x^2) = \dfrac{1}{2} \sin x \cdot x^2 - \dfrac{1}{2} \int x^2 \cdot \cos x \, dx = \dfrac{1}{2} x^2 \sin x - \dfrac{1}{6} \int \cos x \, d(x^3) = \cdots\cdots$. (　　)

四、计算题

9. $\int x^2 \ln x \, dx$.

10. $\int x \cos \dfrac{x}{2} \, dx$.

11. $\int \arcsin x \, dx$.

12. $\int t \cdot e^{-2t} \, dt$.

13. $\int x \sin x \cos x \, dx$.

14. $\int e^{2x} \cos x \, dx$.

学校_____　　班级_____　　姓名_____　　评分_____

复习题四　A组

一、选择题

1. $\int \dfrac{\mathrm{d}x}{5x-9} = ($　　$)$.

   A. $\dfrac{1}{5}\ln|5x-9|+C$　　　　　　　　B. $5\ln|5x-9|+C$

   C. $\dfrac{1}{5}(5x-9)^{-2}+C$　　　　　　　D. $-\dfrac{1}{5}\ln|5x-9|+C$

2. 函数 $f(x)=x^{-3}$ 是(　　)的一个原函数.

   A. $-3x^{-4}$　　　B. $-\dfrac{1}{3}x^{-3}$　　　C. $-\dfrac{1}{2}x^2$　　　D. $-2x^{-4}$

3. $\int 3f'(x^2)\cdot x\cdot \mathrm{d}x = ($　　$)$.

   A. $3f(x^2)+C$　　　　　　　　B. $\dfrac{3}{2}f(x^2)+C$

   C. $f(x^2)+C$　　　　　　　　D. $\dfrac{1}{2}f(x^2)+C$

4. $\int \cos(\omega x+\varphi)\mathrm{d}x = ($　　$)$.

   A. $\sin(\omega x+\varphi)+C$　　　　　　　B. $-\sin(\omega x+\varphi)+C$

   C. $\dfrac{1}{\omega}\cdot \sin(\omega x+\varphi)+C$　　　D. $-\dfrac{1}{\omega}\sin(\omega x+\varphi)+C$

5. 下列式子中成立的是(　　).

   A. $\int \arctan x\, \mathrm{d}x = \dfrac{1}{1+x^2}+C$　　B. $\int \mathrm{e}^x \mathrm{d}x = \mathrm{e}^x + C$

   C. $\int \sin(-x)\mathrm{d}x = -\cos(-x)+C$　　D. $\int x\,\mathrm{d}x = \dfrac{x^2}{2}$

6. 函数 $f(x)=\dfrac{1}{1+x^2}$ 的一个原函数是(　　).

   A. $\arcsin x$　　　B. $-(1+x^2)^2$　　　C. $-(1+x^2)$　　　D. $\arctan x$

7. $\int x\cdot \sqrt{x}\,\mathrm{d}x = ($　　$)$.

   A. $\dfrac{5}{2}x^{\frac{2}{5}}+C$.　　B. $-\dfrac{2}{5}x^{\frac{5}{2}}+C$.　　C. $\dfrac{2}{5}x^{\frac{5}{2}}+C$.　　D. $\dfrac{2}{5}x^{\frac{5}{2}}$

8. $\int x^2 \cdot \sin x \, dx = ($ $)$.

   A. $-x^2 \cos x + 2\sin x + C$
   B. $-\dfrac{x^3}{3}\cos x + C$
   C. $-x \cdot \cos x + C$
   D. $-x^2 \cos x + 2x \sin x + 2\cos x + C$

9. $\int ($ $) dx = \dfrac{x^3}{3} + \dfrac{3}{2}x^2 + 9x + C$.

   A. $x^2 + 3x + 9$
   B. $3x^2 + 2x + 9$
   C. $-2x^2 + 3x + 9$
   D. $x^2 - 3x - 9$

10. $\int (1-x)^{99} dx = ($ $)$.

    A. $\dfrac{1}{100}(1-x)^{100} + C$
    B. $\dfrac{1}{100}(1-x)^{100}$
    C. $-\dfrac{1}{100}(1-x)^{100} + C$
    D. $-100(1-x)^{100} + C$

二、填空题

11. 如果 $F'(x) = f(x)$，则 $\int f(x) dx = $ _____.

12. $\int 2e^{2x} \cdot dx = $ _____.

13. 设 x^2 是 $f(x)$ 的一个原函数，则 $\int f(x) dx = $ _____.

14. $\int \dfrac{1}{x^2} dx = $ _____.

15. $\int f'\left(\dfrac{1}{x}\right) \cdot \dfrac{1}{x^2} dx = $ _____.

16. $d\int f(x) dx = $ _____.

17. $\int x \cdot \sqrt[3]{x} \, dx = $ _____.

18. $f(x)$ 的任意两个原函数之差为 _____.

19. $\int \left(\dfrac{\sqrt{3}}{2}\sin x - \dfrac{1}{2}\cos x\right) dx = $ _____.

20. 设 $f(x)$ 为连续函数，则 $\int f^2(x) df(x) = $ _____.

三、判断题

21. 若两个函数的导数相同，则这两个函数一定是同一个函数.　　　(　)

22. $\int 2\cos 2x \, dx = \sin 2x$.　　　(　)

23. 若 C 为常数，$G(x)$ 和 $F(x)$ 的导数均为 $f(x)$，则 $G(x) - F(x) = C$.　　　(　)

24. $\int dx = x + C$.　　　(　)

25. $\int \dfrac{\mathrm{d}(2x)}{2x} = \ln x + C.$ ( )

26. $\int x\mathrm{e}^x \mathrm{d}x = x\mathrm{e}^x - \mathrm{e}^x + C.$ ( )

27. $\int \dfrac{\mathrm{d}x}{x \ln x} = \ln x + C.$ ( )

28. $\int (2x^2 - \mathrm{e}^{2x})\mathrm{d}x = \dfrac{2}{3}x^3 - \dfrac{1}{2}\mathrm{e}^{2x} + C.$ ( )

29. $\int \dfrac{3^x}{\ln 3}\mathrm{d}x = 3^x \cdot \ln 3 + C.$ ( )

30. 设 $f(x) = \sin x + \ln x$,则 $\int f'(x)\mathrm{d}x = \sin x + \ln x + C.$ ( )

四、计算题

31. 求不定积分 $\int \left(\dfrac{1}{x^3} - \dfrac{1}{x}\right)\mathrm{d}x.$

32. 求不定积分 $\int (3x-1)^{50} \mathrm{d}x.$

33. 求不定积分 $\int \sin^2 x \, \mathrm{d}x.$

34. 求 $\int \dfrac{1+2x^2}{x^2(1+x^2)}\mathrm{d}x.$

35. 求 $\int e^{3x} dx$.

36. 求不定积分 $\int x^2 \cos x \, dx$.

37. 求 $\int \dfrac{e^{2x}-1}{e^x} dx$.

学校_____ 班级_____ 姓名_____ 评分_____

复习题四　B组

一、选择题

1. 下列式子中正确的是(　　).

   A. $\int \cos(-x)\,\mathrm{d}x = -\sin x + C$
   B. $\int \ln x\,\mathrm{d}x = x\ln x - x + C$
   C. $\int \arctan x\,\mathrm{d}x = -\dfrac{1}{1+x^2} + C$
   D. $\int \mathrm{e}^x(1+\mathrm{e}^{-2x})\,\mathrm{d}x = \mathrm{e}^x - \mathrm{e}^{-2x} + C$

2. $\int (\quad)\,\mathrm{d}x = 3^x + C$.

   A. $\dfrac{3x}{\ln 3}$ B. $\ln 3^x$ C. $3^x \ln 3$ D. $-3^x \ln 3$

3. $\int (\quad)\,\mathrm{d}x = \arcsin x + C$.

   A. $-\dfrac{1}{\sqrt{1-x^2}}$ B. $\dfrac{1}{\sqrt{1-x^2}}$ C. $\arccos x$ D. $-\arccos x$

4. $\int \dfrac{1}{x}\,\mathrm{d}x = (\quad)$.

   A. $\ln|x|$ B. $\ln|x| + C$ C. $\ln x$ D. $\ln x + C$

5. 计算不定积分 $\int x^2 \mathrm{e}^{x^3}\,\mathrm{d}x = (\quad)$.

   A. $\dfrac{1}{3}\mathrm{e}^{x^3} + C$
   B. $\dfrac{1}{3}x \cdot \mathrm{e}^{x^3} + C$
   C. $\dfrac{1}{2}x^2 \cdot \mathrm{e}^{x^3} + C$
   D. $\dfrac{1}{2}\mathrm{e}^{x^3} + C$

6. 设 $F(x)$, $G(x)$ 是 $f(x)$ 的两个原函数,则下列关系成立的是(　　).

   A. $F(x) = G(x)$
   B. $G'(x) = F(x) - C$
   C. $F'(x) - G'(x) = C$
   D. $F(x) - G(x) = C$

7. $\int \ln \dfrac{x}{2}\,\mathrm{d}x = (\quad)$.

   A. $x \cdot \ln \dfrac{x}{2} - 4x + C$
   B. $x \cdot \ln \dfrac{x}{2} - 2x + C$
   C. $x \cdot \ln \dfrac{x}{2} - x + C$
   D. $x \cdot \ln \dfrac{x}{2} + x + C$

8. 计算 $\int \sin 2x \, dx$，下列结果中不正确的是( ).

A. $-\dfrac{1}{2}\cos 2x + C$ 　　　　　　　B. $\sin^2 x + C$

C. $-\cos^2 x + C$ 　　　　　　　　D. $\cos 2x + C$

9. $\int \dfrac{x^2 - 2}{x - \sqrt{2}} \, dx = ($ 　　　　).

A. $\dfrac{x^2}{2} + \sqrt{2}\,x$ 　　　　　　　　B. $-x^2 - \sqrt{2}\,x$

C. $\dfrac{x^2}{2} + \sqrt{2}\,x + C$ 　　　　　　D. $-x^2 - \sqrt{2}\,x + C$

10. 若 $\int f(x) \, dx = F(x) + C$，则 $\int \sin x \cdot f(\cos x) \cdot dx = ($ 　　　　).

A. $F(\sin x) + C$ 　　　　　　　　B. $-F(\sin x) + C$
C. $F(\cos x) + C$ 　　　　　　　　D. $-F(\cos x) + C$

二、填空题

11. 设 x^2 是 $f(x)$ 的一个原函数，则 $\int f'(x) \, dx = $ _____.

12. $\int 3 \cdot e^{3x} \, dx = $ _____.

13. $\int \dfrac{1}{\cos^2 x} \, dx = $ _____.

14. $\int (3 - 5x)^{100} \, dx = $ _____.

15. $\int (2x^2 + 1 - e^x) \, dx = $ _____.

16. $\int \left(\dfrac{1}{x} - \sin x \right) dx = $ _____.

17. $\int 2x \cdot e^{x^2} \, dx = $ _____.

18. 已知 $\int f(x) \, dx = F(x) + C$，则 $\int \dfrac{f(\ln x)}{x} \, dx = $ _____.

19. 已知 $\int f(x) \, dx = \sin^2 x + C$，则 $f(x) = $ _____.

20. $\int f'(2x) \, dx = $ _____.

三、判断题

21. 若 $y = f(x)$ 有一个原函数，则 $f(x)$ 有两个以上的有限个原函数. 　　　　(　)

22. $\int \ln x \, dx = x \cdot \ln x + x + C$. 　　　　　　　　　　　　　　(　)

23. $F(x)$ 是 $f(x)$ 的一个原函数，且 $G(x) = F(x) + C$，则 $G(x)$ 一定也是 $f(x)$ 的原函数. 　　　　　　　　　　　　　　　　　　　　　　　　　(　)

24. $\int x \sin x \, dx = -x \cos x + \sin x + C.$ （   ）

25. $\int \left(e^x + x^2 - \dfrac{1}{x} \right) dx = e^x + \dfrac{1}{3} x^3 - \ln |x|.$ （   ）

26. $f(x) = (e^x + e^{-x})^2$ 和 $g(x) = (e^x - e^{-x})^2$ 是同一个函数的原函数. （   ）

27. $\int \dfrac{dx}{x \ln x} = \ln |\ln x| + C.$ （   ）

28. $\int \dfrac{2^x}{\ln 2} dx = 2^x + C.$ （   ）

29. 设 $f(x) = \sin x + \cos x$，则 $\int f'(x) \, dx = \sin x + \cos x + C.$ （   ）

四、计算题

30. 求不定积分 $\int \left(\dfrac{1}{x} - \sin x \right) dx.$

31. 求不定积分 $\int \dfrac{x-4}{\sqrt{x}+2} dx.$

32. 求不定积分 $\int \dfrac{dx}{x+2}.$

33. 求不定积分 $\int (e^{2x} + x) \, dx.$

34. 求不定积分 $\int \dfrac{1}{x+\sqrt{x}}\,\mathrm{d}x$.

35. 求 $\int (x+1)\ln x\,\mathrm{d}x$.

36. 求 $\int \mathrm{e}^{2x}\cos x\,\mathrm{d}x$.

第 5 章 定积分

学校_____   班级_____   姓名_____   评分_____

习题 5-1 定积分的概念 A 组

一、选择题

1. 正弦曲线的一段 $y=\sin x$ $(0\leqslant x\leqslant \pi)$ 与 x 轴所围成平面图形的面积为(　　).
   A. 1   B. 2   C. 3   D. 4

2. 曲线 $y=x^3$ 与直线 $y=x$ 所围成的平面图形的面积为(　　).
   A. $\dfrac{1}{2}$ B. $\dfrac{1}{6}$ C. $\dfrac{1}{8}$ D. $\dfrac{1}{10}$

二、填空题

3. 当 $a=b$ 时，$\int_a^b f(x)\mathrm{d}x =$ _____．

4. 一物体以速度 $v=3t+2$ 作直线运动，该物体在时间 $[0,2]$ 内所经过的路程 s 用定积分表示为_____．根据定积分的几何意义，该定积分的值为_____．

5. 由 $y=\mathrm{e}^x$，$x=0$，$x=1$ 及 x 轴所围成的曲边梯形的面积用定积分表示为_____．

三、判断题

6. 定积分是一个和式的极限，是一个常数，它与被积函数、积分区间有关，而与积分变量所用的符号无关． (　　)

7. 无界函数不可积． (　　)

8. 若定积分 $\int_a^b f(x)\mathrm{d}x$ 存在，则称 $f(x)$ 在 $[a,b]$ 上可积． (　　)

四、解答题

9. 利用定积分的几何意义，判断下列定积分的正负：

   (1) $\int_{-1}^{3} x^3 \mathrm{d}x$；

   (2) $\int_{-\frac{\pi}{4}}^{0} \tan x\, \mathrm{d}x$；

(3) $\int_0^2 \sqrt{x}\,dx$;

(4) $\int_{\frac{\pi}{2}}^{\frac{3}{2}\pi} \cos x\,dx$.

10. 利用定积分的几何意义，计算下列定积分：

(1) $\int_{\frac{\pi}{2}}^{\pi} \sin x\,dx$;

(2) $\int_0^2 (2x+1)\,dx$;

(3) $\int_{-2}^2 \sqrt{4-x^2}\,dx$;

(4) $\int_0^{\frac{\pi}{2}} \left|\frac{1}{2} - \sin x\right|\,dx$.

学校_____ 班级_____ 姓名_____ 评分_____

习题 5-1　定积分的概念　B 组

一、选择题

1. 如图所示，在矩形 $OABC$ 中随机撒一粒豆子，则豆子落在图中阴影部分的概率为(　　).

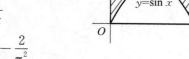

A. $1-\dfrac{2}{\pi}$ 　　B. $\dfrac{2}{\pi}$

C. $\dfrac{2}{\pi^2}$ 　　D. $1-\dfrac{2}{\pi^2}$

2. $y=x^3$ 与直线 $x=0$，$x=1$，x 轴所围成的平面图形的面积为(　　).

A. $\dfrac{1}{3}$ 　　B. $\dfrac{1}{4}$ 　　C. $\dfrac{1}{5}$ 　　D. $\dfrac{1}{6}$

二、填空题

3. 当 $a=b$ 时，$\int_a^b f(x)\mathrm{d}x =$ _____.

4. 一物体以速度 $v=2t+1$ 作直线运动，该物体在时间 $[0,3]$ 内所经过的路程 s 用定积分表示为_____.

5. 用直线 $y=x-1$，$x=0$，$x=2$ 及 x 轴所围成的平面图形的面积用定积分表示为_____.

三、判断题

6. $\int_a^b f(x)\mathrm{d}x$ 是 $y=f(x)$ 的一个原函数.　　(　　)

7. 若 $f(x)$ 在 $[a,b]$ 上连续，且 $\int_a^b f^2(x)\mathrm{d}x=0$，则在 $[a,b]$ 上 $f(x)=0$.　　(　　)

8. 无界函数不可积.　　(　　)

四、计算题

9. 利用定积分的几何意义，判断下列定积分的正负：

(1) $\int_0^{\frac{\pi}{2}} \sin x\,\mathrm{d}x$；　　(2) $\int_{-1}^0 x\,\mathrm{d}x$；

(3) $\int_0^{\frac{\pi}{4}} \tan x \, dx$; (4) $\int_{-1}^2 x^2 \, dx$.

10. 利用定积分的几何意义,计算下列定积分：

(1) $\int_0^{2\pi} \cos x \, dx$; (2) $\int_{-1}^3 dx$;

(3) $\int_0^2 (2x+1) \, dx$; (4) $\int_0^1 e^x \, dx$.

学校_____   班级_____   姓名_____   评分_____

习题 5-2 定积分的性质 A 组

一、选择题

1. $\int_0^1 x\,\mathrm{d}x$ 与 $\int_0^1 x^2\,\mathrm{d}x$ 的关系是(   ).

   A. $\int_0^1 x\,\mathrm{d}x > \int_0^1 x^2\,\mathrm{d}x$ B. $\int_0^1 x\,\mathrm{d}x = \int_0^1 x^2\,\mathrm{d}x$

   C. $\int_0^1 x\,\mathrm{d}x < \int_0^1 x^2\,\mathrm{d}x$ D. 无法判断

2. $\int_0^2 (2x+1)^2\,\mathrm{d}x$ 的值为(   ).

   A. $\dfrac{61}{3}$ B. 20

   C. $\dfrac{62}{3}$ D. 21

3. $\int_0^1 \dfrac{\mathrm{e}^x - \mathrm{e}^{-x}}{2}\,\mathrm{d}x$ 的值为(   ).

   A. $\dfrac{\mathrm{e}+\mathrm{e}^{-1}}{2} - 1$ B. $\dfrac{\mathrm{e}-\mathrm{e}^{-1}}{2} - 1$

   C. $\dfrac{\mathrm{e}+\mathrm{e}^{-1}}{2} + 1$ D. $\dfrac{\mathrm{e}-\mathrm{e}^{-1}}{2} + 1$

二、填空题

4. 若 $f(x)$ 为奇函数,则 $\int_{-a}^{a} f(x)\,\mathrm{d}x = $ _____.

5. $\int_{-1}^{1} x|x|\,\mathrm{d}x = $ _____.

6. $\int_1^2 (\ln x)^2\,\mathrm{d}x$ _____ $\int_1^2 (\ln x)^3\,\mathrm{d}x$ (填写">""<"或"=").

三、判断题

7. 设 $I_1 = \int_0^1 x^2\,\mathrm{d}x$,$I_2 = \int_0^1 \mathrm{e}^{x^2}\,\mathrm{d}x$,则 $I_1 < I_2$.   (   )

8. $\int_a^b f'(x)\,\mathrm{d}x = f(x)$.   (   )

四、计算题

9. 计算下列定积分：

(1) $\int_0^1 (2x+1)^2 \, dx$;

(2) $\int_1^2 \frac{1}{x^4} \, dx$;

(3) $\int_0^{\frac{\pi}{2}} (\cos x - \sin x) \, dx$;

(4) $\int_e^{e^2} \frac{1}{x \ln x} \, dx$;

(5) $\int_0^1 \frac{1-x^2}{1+x^2} \, dx$;

(6) $\int_0^{\frac{\pi}{3}} \tan^2 x \, dx$;

(7) $\int_1^2 \frac{1+2x-x^2}{x^4} \, dx$;

(8) $\int_0^a x^2 \sqrt{\frac{a-x}{a+x}} \, dx \ (a > 0)$.

学校_____ 班级_____ 姓名_____ 评分_____

习题 5-2 定积分的性质 B 组

一、选择题

1. $\int_0^1 x\,\mathrm{d}x$ 与 $\int_0^1 \dfrac{x}{2}\,\mathrm{d}x$ 的关系是(   ).

   A. $\int_0^1 x\,\mathrm{d}x < \int_0^1 \dfrac{x}{2}\,\mathrm{d}x$
   B. $\int_0^1 x\,\mathrm{d}x > \int_0^1 \dfrac{x}{2}\,\mathrm{d}x$
   C. $\int_0^1 x\,\mathrm{d}x = \int_0^1 \dfrac{x}{2}\,\mathrm{d}x$
   D. 无法判断

2. $\int_0^2 (x-3)^2\,\mathrm{d}x$ 的值为(   ).

   A. $\dfrac{26}{3}$
   B. $-\dfrac{1}{3}$
   C. $\dfrac{25}{3}$
   D. 1

3. $\int_0^1 \dfrac{\mathrm{e}^x}{2}\,\mathrm{d}x$ 的值为(   ).

   A. $\dfrac{\mathrm{e}}{2}$
   B. $\dfrac{\mathrm{e}}{2}-1$
   C. $\dfrac{1}{2}\mathrm{e}-\dfrac{1}{2}$
   D. $\dfrac{1}{2}\mathrm{e}+\dfrac{1}{2}$

二、填空题

4. 若 $f(x)$ 为奇函数,则 $\int_{-a}^{a} f(x)\,\mathrm{d}x = $ _____.

5. $\int_{-1}^{1} x|x|\,\mathrm{d}x = $ _____.

6. $\int_1^2 \ln x\,\mathrm{d}x$ _____ $\int_1^2 (\ln x)^2\,\mathrm{d}x$ (填写">""<"或"=").

三、判断题

7. 设区域 D 由直线 $x=a$,$x=b$ $(b>a)$、曲线 $y=f(x)$ 及曲线 $y=g(x)$ 所围成,则区域 D 的面积可表示为 $\int_a^b |f(x)-g(x)|\,\mathrm{d}x$.   (   )

8. $\int_a^b f(x)\,\mathrm{d}x = f(b)-f(a)$.   (   )

四、计算题

9. 计算下列定积分：

(1) $\int_0^1 (2x+3)\,dx$；

(2) $\int_1^2 \dfrac{1}{x^3}\,dx$；

(3) $\int_0^1 (2x+1)^2\,dx$；

(4) $\int_0^1 \dfrac{e^x - e^{-x}}{2}\,dx$；

(5) $\int_0^{\frac{\pi}{2}} \cos x\,dx$；

(6) $\int_4^9 \left(\sqrt{x} + \dfrac{1}{\sqrt{x}}\right)dx$；

(7) $\int_e^{e^2} \dfrac{1}{x\ln x}\,dx$；

(8) $\int_0^1 \dfrac{1-x^2}{1+x^2}\,dx$.

学校_____　　班级_____　　姓名_____　　评分_____

习题 5-3　定积分的计算　A 组

一、填空题

1. 设 $\int_{-1}^{1} 2f(x)\mathrm{d}x = 10$，则 $\int_{-1}^{1} f(x)\mathrm{d}x = $ _____.

2. 函数 $f(x)$ 在区间 $[a,b]$ 上连续是 $f(x)$ 在 $[a,b]$ 上可积的 _____ 条件.

3. $\lim\limits_{x \to 0} \dfrac{\int_0^x \sin t\,\mathrm{d}t}{\int_0^x t\,\mathrm{d}t}$ 的值为 _____.

二、选择题

4. 设 $f(x) = x^3 + x$，则 $\int_{-2}^{2} f(x)\mathrm{d}x$ 的值为（　　）.

    A. 0　　B. 8　　C. $\int_0^2 f(x)\mathrm{d}x$　　D. $2\int_0^2 f(x)\mathrm{d}x$

5. 下列等式不成立的是（　　）.

    A. $\dfrac{\mathrm{d}}{\mathrm{d}x}\left[\int_a^b f(x)\mathrm{d}x\right] = f(x)$　　B. $\dfrac{\mathrm{d}}{\mathrm{d}x}\left[\int_a^{b(x)} f(t)\mathrm{d}t\right] = f[b(x)]b'(x)$

    C. $\dfrac{\mathrm{d}}{\mathrm{d}x}\left[\int_a^x f(x)\mathrm{d}x\right] = f(x)$　　D. $\dfrac{\mathrm{d}}{\mathrm{d}x}\left[\int_a^x F'(t)\mathrm{d}t\right] = F'(x)$

6. $\left[\int_a^b f(x)\mathrm{d}x\right]' = $（　　）.

    A. 1　　B. 0　　C. -1　　D. 不确定

三、判断题

7. 定积分的值与被积函数和积分区间有关.　　　　　　　　　　　　　　　　　（　　）

8. 已知 $\varphi(x) = \int_0^{x^2} \sin t\,\mathrm{d}t$，则 $\varphi'(x) = \sin x^2$.　　　　　　　　　　　　（　　）

四、计算题

9. 求定积分 $\int_1^2 (x^3 + 2x)\mathrm{d}x$.

10. 求定积分 $\int_{-1}^{0} e^x \, dx$.

11. 求定积分 $\int_{0}^{1} x^3 e^{-x^2} \, dx$.

12. 求极限 $\lim\limits_{x \to 0} \dfrac{\int_{0}^{x^2} \arcsin\sqrt{t} \, dt}{x^3}$.

13. 讨论广义积分 $\int_{0}^{+\infty} e^{-ax} \, dx \; (a > 0)$ 的敛散性；若收敛，写出积分值.

学校_____ 班级_____ 姓名_____ 评分_____

习题 5-3　定积分的计算　B 组

一、选择题

1. 设 $f(x)=x^5+x^3$，则 $\int_{-1}^{1}f(x)\mathrm{d}x$ 的值为(　　).

   A. 0　　　　　　B. 6　　　　　　C. $\int_{0}^{1}f(x)\mathrm{d}x$　　　　D. -6

2. 设广义积分 $\int_{1}^{+\infty}x^{\alpha}\mathrm{d}x$ 收敛，则必有(　　).

   A. $\alpha>-1$　　B. $\alpha<-1$　　C. $\alpha<1$　　D. $\alpha>1$

3. $\int_{0}^{1}(\mathrm{e}^x-1)^4\mathrm{e}^x\mathrm{d}x$ 的值为(　　).

   A. 0　　　　　　B. $(\mathrm{e}-1)^4$　　C. $\dfrac{1}{5}(\mathrm{e}-1)^5$　　D. $\dfrac{1}{5}\mathrm{e}^5$

二、填空题

4. 设 $\int_{-1}^{1}2f(x)\mathrm{d}x=10$，则 $\int_{1}^{-1}f(x)\mathrm{d}x=$ _____.

5. $\int_{1}^{2}\left(x+\dfrac{1}{x}\right)^2\mathrm{d}x$ 的值为_____.

6. $\int_{1}^{\mathrm{e}}\dfrac{2}{x}\mathrm{d}x$ 的值为_____.

三、判断题

7. $\left[\int_{a}^{b}f(x)\mathrm{d}x\right]'=1$. 　　　　　　　　　　　　　　　　　　　　(　　)

8. 定积分 $\int_{1}^{2}\dfrac{\mathrm{d}x}{\sqrt{x-1}}$ 收敛. 　　　　　　　　　　　　　　　　　(　　)

四、计算题

9. 求定积分 $\int_{-1}^{1}(x^2+2x+1)\mathrm{d}x$.

10. 求定积分 $\int_{-\pi}^{\pi}(\sin x+\cos x)\mathrm{d}x$.

11. 求 $\int_{0}^{1}\dfrac{2\mathrm{d}x}{\mathrm{e}^{x}+\mathrm{e}^{-x}}$.

12. 讨论广义积分 $\int_{-\infty}^{0}\dfrac{2x}{1+x^{2}}\mathrm{d}x$ 是否收敛.

13. 讨论广义积分 $\int_{0}^{+\infty}\mathrm{e}^{-2x}\mathrm{d}x$ 的敛散性；若收敛，写出积分值.

学校_____ 班级_____ 姓名_____ 评分_____

习题 5-4 定积分的应用 A 组

一、选择题

1. 由 $y=x^2$，$x=-1$，$x=1$，$y=0$ 围成平面图形的面积为(　　).
   A. $\int_{-1}^{1} x^2 \,dx$ B. $\int_{0}^{1} x^2 \,dx$ C. $\int_{0}^{1} \sqrt{y} \,dy$ D. $2\int_{0}^{1} \sqrt{y} \,dy$

2. 由 $y=x^2$，$y=1$ 围成的平面图形绕 y 轴旋转形成旋转体的体积为(　　).
   A. $\dfrac{1}{2}\int_{0}^{1} \pi y \,dy$ B. $\dfrac{1}{2}\int_{0}^{1} \pi x^2 \,dy$ C. $\int_{0}^{1} \pi y \,dy$ D. $\int_{0}^{1} \pi y^2 \,dy$

3. 由 $y=\sqrt{x}$，$x=1$，$y=0$ 围成的平面图形绕 x 轴旋转形成旋转的体积为(　　).
   A. $\int_{0}^{1} \pi y \,dy$ B. $\int_{0}^{1} \pi x^2 \,dx$ C. $\int_{0}^{1} \pi y^2 \,dy$ D. $\int_{0}^{1} \pi x \,dx$

二、填空题

4. 曲线 $y=x^2$，$x=0$，$y=1$ 所围成图形的面积可用定积分表示为_____.

5. 由 $y=\ln x$，$x=1$ 及 $y=1$ 围成平面图形的面积，若选 y 为积分变量，利用定积分应表示为_____.

6. 一物体作变速运动，速度 $v=\sqrt{1+t}$ m/s，则物体运动开始后 8 s 内所经过的路程为_____.

三、判断题

7. 曲线 $y=\sin x$ 在 $[0, 2\pi]$ 上与 x 轴围成平面图形的面积为 $\int_{0}^{2\pi} \sin x \,dx$.　　(　　)

8. 用微元法求量 Q 时，Q 的微分 $dQ=f(x)dx$ 中的 dx 是微分符号，无任何实际意义.　　(　　)

四、计算题

9. 由 $y=\sqrt{x}$，$y=1$ 及 y 轴围成的平面图形绕 y 轴旋转形成的旋转体的体积.

10. 求由曲线 $y=x$ 与 $y=x+\sin^2 x$，$0 \leqslant x \leqslant \pi$ 围成的图形面积.

11. 求由曲线 $y=\dfrac{1}{x}$，$y=x$ 及 $y=2$ 围成的图形面积.

12. 求由 $y=e^x$，$y=e^{-x}$ 及 $x=1$ 围成的图形面积.

13. 求由曲线 $y=\dfrac{1}{2}x^2$ 与 $y=\sqrt{2x}$ 所围成的平面图形绕 x 轴旋转一周所得旋转体的体积.

学校_____ 班级_____ 姓名_____ 评分_____

习题 5-4 定积分的应用 B 组

一、选择题

1. 若 $y=f(x)$ 与 $y=g(x)$ 是 $[a,b]$ 上的两条光滑曲线的方程，则这两条曲线及直线 $x=a$，$x=b$ 所围成的平面区域的面积为(　　).

　A. $\int_a^b [f(x)-g(x)]dx$ 　　　　　　　B. $\int_a^b [g(x)-f(x)]dx$

　C. $\int_a^b |f(x)-g(x)|dx$ 　　　　　　　D. $\left|\int_a^b [f(x)-g(x)]dx\right|$

2. 由 $y=\dfrac{1}{x}$，$x=1$，$x=2$，$y=0$ 所围成的平面图形的面积为(　　).

　A. $\ln 2$ 　　　　B. $\ln 2-1$ 　　　　C. $\ln 2+1$ 　　　　D. $2\ln 2$

3. 设 $f(x)=\begin{cases} x^2, & x\in[0,1] \\ 2-x, & x\in(1,2] \end{cases}$，则 $\int_0^2 f(x)dx$ 等于(　　).

　A. $\dfrac{3}{4}$ 　　　　B. $\dfrac{5}{6}$ 　　　　C. $\dfrac{4}{5}$ 　　　　D. 不存在

二、填空题

4. 由曲线 $y=3-x^2$ 及直线 $y=2x$ 所围成平面区域的面积是_____.

5. 由曲线 $y=e^x$，$y=e$ 及 y 轴所围成平面区域的面积是_____.

6. 计算 $y^2=2x$ 与 $y=x-4$ 所围成的区域面积时，选用_____作变量较为简捷.

三、判断题

7. 由直线 $x=-1$，$x=1$，$y=0$ 与偶函数 $y=f(x)$ 的图像围成平面图形的面积可表示为 $\int_0^1 2|f(x)|dx$.　　　　　　　　　　　　　　　　　　　　　　(　　)

8. 由抛物线 $y^2=x$ 与直线 $y=x-2$ 所围成的图形的面积为 4.　　(　　)

四、计算题

9. 求曲线 $y=6-x$ 和 $y=\sqrt{8x}$，$y=0$ 围成图形的面积.

10. 求由曲线 $y = x\sqrt{1-x^2}$，$y = 1$，$x = -1$，$x = 1$ 所围成平面区域的面积.

11. 求由 $y = \dfrac{1}{x}$ 与 $y = x$，及 $x = 2$ 所围成的图形的面积.

12. 求由 $y = x^2$ 与 $y = x$ 及 $y = 2x$ 所围成的图形的面积.

13. 求抛物线 $y = -x^2 + 4x - 3$ 及其在点 $(0, -3)$ 和 $(3, 0)$ 处的切线所围成的图形的面积.

学校_____ 班级_____ 姓名_____ 评分_____

复习题五 A 组

一、选择题

1. $\int_{-1}^{1}(e^x+1)dx$ 的值为( ).

   A. $e-\dfrac{1}{e}+2$　　　　　　　　B. $e-\dfrac{1}{e}$

   C. $e+\dfrac{1}{e}$　　　　　　　　　D. $e-\dfrac{1}{e}-2$

2. 设连续函数 $f(x)>0$,则当 $a<b$ 时,定积分 $\int_{a}^{b}f(x)dx$ 的符号为( ).

   A. 一定是正的

   B. 一定是负的

   C. 当 $0<a<b$ 时,是正的;当 $a<b<0$ 时,是负的

   D. 以上结论都不对

3. 若 $a=\int_{0}^{2}x^2dx$,$b=\int_{0}^{2}x^3dx$,$c=\int_{0}^{2}\sin x\,dx$,则 a,b,c 的大、小关系为( ).

   A. $a<c<b$　　　　　　　　　　　B. $a<b<c$

   C. $c<b<a$　　　　　　　　　　　D. $c<a<b$

4. $\int_{\frac{1}{2}}^{e}|\ln x|dx$ 的值为( ).

   A. $\dfrac{3}{2}-\dfrac{1}{2}\ln 2$　　　　　　　　B. $-\dfrac{1}{2}\ln 2$

   C. $\dfrac{3}{2}$　　　　　　　　　　　D. $\dfrac{3}{2}+\dfrac{1}{2}\ln 2$

5. 下列积分值为零的有( ).

   A. $\int_{-1}^{1}x\sin x\,dx$　　　　　　　B. $\int_{-1}^{1}\arccos x\,dx$

   C. $\int_{-1}^{1}x^3dx$　　　　　　　　　D. $\int_{-1}^{1}x^2\sec^2 x\,dx$

6. $\int_{-4}^{4}x\cos x\,dx=$( ).

   A. $8\sin 4+2\cos 4$　　B. $8\sin 4$　　C. $2\cos 4$　　D. 0.

7. 已知 $f(x)=2-|x|$,则 $\int_{-1}^{2}f(x)dx=$( ).

   A. 3　　　　　　B. 4　　　　　　C. 3.5　　　　　　D. 4.5

8. 已知 $f(x)$ 为偶函数,且 $\int_0^6 f(x)\mathrm{d}x = \frac{1}{2}$,则 $\int_{-6}^6 f(x)\mathrm{d}x = $ _____.

   A. 2　　　　　　B. 4　　　　　　C. 1　　　　　　D. -1

9. 已知函数 $y = x^2$ 与 $y = kx$ $(k > 0)$ 的图像所围成的阴影部分的面积为 $\frac{9}{2}$,则 k 的值为(　　).

   A. 2　　　　　　B. 1　　　　　　C. 3　　　　　　D. 4

10. $\int_0^1 \arctan x \,\mathrm{d}x$ 的值为(　　).

    A. $\frac{\pi}{4} + \frac{1}{2}\ln 2$　　　　　　B. $\frac{\pi}{4} - \frac{1}{2}\ln 2$

    C. $\pi + 1$　　　　　　D. $\pi - 1$

11. $\int_0^3 \sqrt{9-x^2}$ 经过 $x = 3\sin t$ 的代换后,变量 t 的积分区间为(　　).

    A. $\left(0, \frac{\pi}{2}\right)$　　B. $\left[0, \frac{\pi}{2}\right]$　　C. $(0, \pi)$　　D. $[0, \pi]$

12. $\int_1^2 \frac{x}{\sqrt{x-1}}\mathrm{d}x$ 的值为(　　).

    A. $\frac{8}{3}$　　　　　　B. $\frac{3}{4}$　　　　　　C. 0　　　　　　D. 1

13. 设 $f(x) = \begin{cases} x^2, & -1 \leqslant x \leqslant 0 \\ x+1, & 0 < x \leqslant 1 \end{cases}$,则 $\int_{-\frac{1}{2}}^{\frac{1}{2}} f(x)\mathrm{d}x$ 的值是(　　).

    A. $\frac{1}{12}$　　　　　　B. 1　　　　　　C. $\frac{2}{3}$　　　　　　D. $\frac{7}{6}$

14. 一物体在力 $F(x) = \begin{cases} 10, & 0 \leqslant x \leqslant 2 \\ 3x+4, & x > 2 \end{cases}$ (单位:N)的作用下,沿与力 F 相同的方向从 $x = 0$ 处运动到 $x = 4$(单位:m)处,则力 $F(x)$ 所作的功为(　　).

    A. 44　　　　　　B. 46　　　　　　C. 48　　　　　　D. 50

15. $\int_{-\pi}^{\pi} (x^2 + \sin^3 x)\mathrm{d}x = ($　　$)$.

    A. $\frac{2}{3}\pi^3$　　　　　　B. $\frac{4}{3}\pi^3$　　　　　　C. $\frac{2}{3}\pi^4$　　　　　　D. $\frac{4}{3}\pi^3$

二、填空题

16. 若 $f(x) = 3$,则 $\int_a^b f(x)\mathrm{d}x = $ _____.

17. $\int_{\frac{1}{2}}^1 x^2 \ln x \,\mathrm{d}x$ 的值的符号为 _____.

18. $\int_{-\frac{1}{4}}^{\frac{1}{4}} \ln \frac{1-x}{1+x} \mathrm{d}x = $ _____.

19. $\int_1^{+\infty} \frac{1}{x^4}\mathrm{d}x = $ _____.

复习题五　A 组

20. 设 $F(x)=\int_1^x \tan t\,\mathrm{d}t$，则 $F'(x)=$ _____．

21. $\int_0^{+\infty}\dfrac{x}{1+x^2}\mathrm{d}x$ 是_____（收敛、发散）的．

22. 若 $f(x)$ 在 $[a,b]$ 上连续，且 $\int_a^b f(x)\mathrm{d}x=0$，则 $\int_a^b [f(x)+1]\mathrm{d}x=$ _____．

23. $\int_{-2}^{2}\sqrt{4-x^2}(\sin x+1)\mathrm{d}x=$ _____．

24. 一物体以 $v(t)=t^2-3t+8\,(\mathrm{m/s})$ 的速度运动，在前 30 s 内的平均速度为_____．

25. 已知 $f(x)=\int_0^x (2t-4)\mathrm{d}t$，则当 $x\in[-1,3]$ 时，$f(x)$ 的最小值为_____．

三、判断题

26. 定积分的几何意义是曲边梯形的面积．　　　　　　　　　　　　　　　　（　　）

27. 设 $f(x)$ 是连续奇函数，且 $\int_0^1 f(x)\mathrm{d}x=1$，则 $\int_{-1}^0 f(x)\mathrm{d}x=-1$．　　（　　）

28. 若 $\int_1^b \ln x\,\mathrm{d}x=1$，则 $b=0$．　　　　　　　　　　　　　　　　　（　　）

29. 由 $y=\cos x$ 及 x 轴所围成的介于 0 与 2π 之间的平面图形的面积为 $\int_0^{2\pi}\cos x\,\mathrm{d}x$．
　　　　　　　　　　　　　　　　　　　　　　　　　　　　　　　　　　（　　）

30. $\int_{-\pi}^{\pi}\cos 4x\,\mathrm{d}x=0$．　　　　　　　　　　　　　　　　　　　　　（　　）

31. 若 $\int_a^b f(x)\mathrm{d}x=0$，则在 $[a,b]$ 上 $f(x)=0$．　　　　　　　　　　　（　　）

32. 定积分 $\int_0^1 \dfrac{x^2}{1+x^2}\mathrm{d}x=1-\dfrac{\pi}{4}$．　　　　　　　　　　　　　　（　　）

33. 已知 $F'(x)=f(x)$，则 $\int_a^x f(t+a)\mathrm{d}t=F(x+a)-F(2a)$．　　　　　（　　）

34. $\int_0^{\pi}\sqrt{1-\sin^2 x}\,\mathrm{d}x=\int_0^{\pi}\cos x\,\mathrm{d}x=0$．　　　　　　　　　　　（　　）

35. 设 $f(x)=\begin{cases}1, & 0\leqslant x\leqslant 1,\\ 2, & 1<x\leqslant 2,\end{cases}$ 定积分 $\int_0^2 f(x)\mathrm{d}x=2$．　　（　　）

四、解答题

36. 计算下列定积分：

(1) $\int_{-1}^{1}(x-1)^3\mathrm{d}x$；

(2) $\int_0^5 |1-x|\,\mathrm{d}x$；

(3) $\int_{-2}^{2} x\sqrt{x^2}\,dx$;

(4) $\int_{e}^{e^2} \dfrac{\ln^2 x}{x}\,dx$.

37. 物体以 $v=1+2t+t^2$ 作直线运动,求在 $[0,1]$ 时间段内运动的路程.

38. 求 $y=\sqrt{x}$, $x=1$, $y=0$ 所围成图形的面积.

39. 计算下列积分:

(1) $\int_{1}^{\sqrt{3}} \dfrac{1+2x^2}{x^2(1+x^2)}\,dx$;

(2) $\int_{0}^{4} e^{\sqrt{x}}\,dx$;

(3) $\int_{\frac{3}{4}}^{1} \frac{dx}{\sqrt{1-x}-1}$;

(4) $f(x) = \begin{cases} x^2+1, & 0 \leqslant x \leqslant 1, \\ x+1, & -1 \leqslant x < 0, \end{cases}$ 求 $\int_{-1}^{1} f(x) dx$.

40. 用分部积分法计算下列定积分：

(1) $\int_{0}^{1} x e^{2x} dx$;

(2) $\int_{0}^{\frac{\pi^2}{16}} \cos\sqrt{x} \, dx$.

41. 判断下列广义积分的敛散性：

(1) $\int_{1}^{+\infty} \frac{1}{x^4} dx$;

(2) $\int_{-\infty}^{0} x e^{-x^2} dx$.

42. 设 $f(x) = \dfrac{1}{1+x^2} + \sqrt{1-x^2}\int_0^1 f(x)\,\mathrm{d}x$,求 $f(x)$.

43. 求抛物线 $y^2 = x+2$ 与直线 $x-y=0$ 所围成的图形的面积.

复习题五　B组

一、选择题

1. $\int_{-1}^{1}(x^2+1)dx$ 的值为（　　）.

   A. $\dfrac{8}{3}$　　　　B. $\dfrac{2}{3}$　　　　C. 0　　　　D. $\dfrac{10}{3}$

2. 设连续函数 $f(x)>0$，则当 $a<b$ 时，定积分 $\int_{a}^{b}f(x)dx$ 的符号为（　　）.

   A. 一定是正的

   B. 一定是负的

   C. 当 $0<a<b$ 时是正的，当 $a<b<0$ 时是负的

   D. 以上结论都不对

3. 已知 $f(x)$ 为偶函数，且 $\int_{0}^{5}f(x)dx=\dfrac{1}{3}$，则 $\int_{-5}^{5}f(x)dx$ 的值为（　　）.

   A. 1　　　　B. 2　　　　C. 0　　　　D. $\dfrac{2}{3}$

4. $\int_{-\frac{\pi}{2}}^{\frac{\pi}{2}}|\sin x|dx=$（　　）.

   A. 0　　　　B. π　　　　C. $\dfrac{\pi}{2}$　　　　D. 2

5. 设函数 $f(x)$ 在 $[a,b]$ 上连续，则由曲线 $y=f(x)$ 与直线 $x=a$，$x=b$，$y=0$ 所围成的平面图形的面积为（　　）.

   A. $\int_{a}^{b}f(x)dx$　　　B. $\left|\int_{a}^{b}f(x)dx\right|$　　　C. $\int_{a}^{b}|f(x)|dx$　　　D. $f(\xi)\cdot(b-a)$

6. $\int_{-1}^{3}x|x|dx=$（　　）.

   A. $\dfrac{26}{3}$　　　　B. $-\dfrac{25}{3}$　　　　C. $-\dfrac{11}{3}$　　　　D. $\dfrac{28}{3}$

7. $\int_{0}^{1}\arctan x\,dx=$（　　）.

   A. $\dfrac{\pi}{4}+\dfrac{1}{2}\ln 2$　　B. $\dfrac{\pi}{4}-\dfrac{1}{2}\ln 2$　　C. $\pi+1$　　D. $-\pi+1$

8. 由曲线 $y=x$、直线 $x=-1$，$x=1$ 和 $y=0$ 所围成的平面图形的面积 δ 为（　　）.

   A. 0　　　　B. 1　　　　C. 2　　　　D. $\dfrac{1}{2}$

9. 定积分 $\int_a^b f(x)\mathrm{d}x$ 是( ).

   A. 一个常数　　　　　　　　　　　　B. $f(x)$ 的一个原函数
   C. 一个函数簇　　　　　　　　　　　　D. 无法确定

10. $\int_1^2 \mathrm{e}^x \mathrm{d}x$ 与 $\int_1^2 \mathrm{e}^{x^2} \mathrm{d}x$ 相比,有关系式( ).

    A. $\int_1^2 \mathrm{e}^x \mathrm{d}x < \int_1^2 \mathrm{e}^{x^2} \mathrm{d}x$　　　　　　B. $\int_1^2 \mathrm{e}^x \mathrm{d}x > \int_1^2 \mathrm{e}^{x^2} \mathrm{d}x$
    C. $\int_1^2 \mathrm{e}^x \mathrm{d}x = \int_1^2 \mathrm{e}^{x^2} \mathrm{d}x$　　　　　　D. $\left[\int_1^2 \mathrm{e}^x \mathrm{d}x\right]^2 = \int_1^2 \mathrm{e}^{x^2} \mathrm{d}x$

11. $\int_0^3 \sqrt{9-x^2}\mathrm{d}x$ 经过 $x = 3\sin t$ 的代换后,变量 t 的积分区间为( ).

    A. $\left(0, \dfrac{\pi}{2}\right)$　　　　B. $\left[0, \dfrac{\pi}{2}\right]$　　　　C. $(0, \pi)$　　　　D. $[0, \pi]$

12. 设 $f(x) = \begin{cases} x^2, & -1 \leqslant x \leqslant 0 \\ x+1, & 0 < x \leqslant 1 \end{cases}$,则 $\int_{-\frac{1}{2}}^{\frac{1}{2}} f(x)\mathrm{d}x$ 的值为( ).

    A. $\dfrac{1}{12}$　　　　B. 1　　　　C. $\dfrac{2}{3}$　　　　D. $\dfrac{7}{6}$

13. 下列命题中正确的是( ),其中 $f(x)$,$g(x)$ 均为连续函数.

    A. 在 $[a, b]$ 上若 $f(x) \neq g(x)$,则 $\int_a^b f(x)\mathrm{d}x \neq \int_a^b g(x)\mathrm{d}x$

    B. $\int_a^b f(x)\mathrm{d}x \neq \int_a^b f(t)\mathrm{d}t$

    C. $\mathrm{d}\int_a^b f(x)\mathrm{d}x = f(x)\mathrm{d}x$

    D. 若 $f(x) \neq g(x)$,则 $\int f(x)\mathrm{d}x \neq \int g(x)\mathrm{d}x$

14. 计算定积分 $\int_0^1 \mathrm{e}^{\sqrt{x}}\mathrm{d}x$ 的值为( ).

    A. 2　　　　B. 1　　　　C. 0　　　　D. -2

15. 已知函数 $y = x^2$ 与 $y = kx$ $(k>0)$ 的图像所围成的阴影部分的面积为 $\dfrac{9}{2}$,则 k 的值为( ).

    A. 2　　　　B. 1　　　　C. 3　　　　D. 4

二、填空题

16. 定积分 $\int_{-2}^2 x\mathrm{d}x$ 中积分上限是_____.

17. 若 $f(x) = 2$,则 $\int_a^b f(x)\mathrm{d}x = $ _____.

18. $\int_0^\pi \sin x \mathrm{d}x = $ _____.

19. 函数 $g(x)$ 是区间 $[-t, t]$ 上的连续奇函数,则 $\int_{-t}^t g(x)\mathrm{d}x = $ _____.

复习题五 B组

20. $\int_{-1}^{1} |x-1| \, dx = \underline{\qquad}$.

21. $\int_{1}^{2} \ln x \, dx \underline{\qquad} \int_{1}^{2} \ln^2 x \, dx$ （填写 ">" "<" 或 "="）.

22. $\int_{1}^{2} \dfrac{x}{\sqrt{x-1}} \, dx = \underline{\qquad}$.

23. $\int_{0}^{1} x \arctan x \, dx = \underline{\qquad}$.

24. $\int_{a}^{b} f(x) \, dx + \int_{b}^{a} f(x) \, dx = \underline{\qquad}$.

25. 设 $f(x) = \begin{cases} \lg x, & x > 0, \\ x + \int_{0}^{a} 3t^2 \, dt, & x \leqslant 0, \end{cases}$ 若 $f(f(1)) = 1$, 则 $a = \underline{\qquad}$.

三、判断题

26. $\int_{-\frac{\pi}{2}}^{\frac{\pi}{2}} \sin x \, dx = \int_{-\frac{\pi}{2}}^{0} \sin x \, dx + \int_{0}^{\frac{\pi}{2}} \sin x \, dx$. （　　）

27. 定积分 $\int_{-\pi}^{\pi} \cos 4x \, dx = 0$. （　　）

28. $\int_{-1}^{3} |x| \, dx = 5$. （　　）

29. 曲线 $y = e^x$ 与直线 $x = \ln 2$, $x = \ln 3$ 及 $y = 0$ 所围成的曲边梯形的面积为 $\int_{\ln 2}^{\ln 3} e^x \, dx$.
（　　）

30. $\int_{0}^{4} \dfrac{dx}{(x-3)^2}$ 是收敛的. （　　）

31. 若 $f(x)$ 在 $[a, b]$ 上连续，且 $\int_{a}^{b} f(x) \, dx = 0$, 则 $\int_{a}^{b} [f(x) + 1] \, dx = a - b$. （　　）

32. 由 $y = \cos x$ 及 x 轴所围成的介于 0 与 2π 之间的平面图形的面积为 $\int_{0}^{2\pi} \cos x \, dx$.
（　　）

33. $\int_{0}^{1} t(t-x) \, dt = \dfrac{1}{3} - \dfrac{1}{2} x$. （　　）

34. $\int_{0}^{4} \dfrac{x+2}{\sqrt{2x+1}} = \dfrac{21}{3}$. （　　）

35. 设 $f(x) = \begin{cases} 1, & 0 \leqslant x \leqslant 1, \\ 2, & 1 < x \leqslant 2, \end{cases}$ 则 $\int_{0}^{2} f(x) \, dx = 4$. （　　）

四、解答题

36. 计算下列定积分：

(1) $\int_{0}^{1} (x^3 - 2x + 1) \, dx$；

(2) $\int_{1}^{4} \sqrt{x}(2 - \sqrt{x}) \, dx$；

(3) $\int_0^5 |1-x| dx$;

(4) $\int_0^4 e^{\sqrt{x}} dx$.

37. 物体以 $v = 1 + t^2$ 作直线运动，求在 $[0, 1]$ 时间段内运动的路程.

38. 求 $y = \sqrt{x}$，$x = 2$，$y = 0$ 所围成的图形的面积.

39. 计算下列积分：

(1) $\int_{\frac{1}{\sqrt{3}}}^{\sqrt{3}} \frac{1}{1+x^2} dx$;

(2) $\int_{-\frac{1}{2}}^{\frac{1}{2}} \frac{dx}{\sqrt{1-x^2}}$;

(3) $\int_{-1}^{0} \frac{3x^4 + 3x^2 + 1}{x^2 + 1} dx$;

(4) $\int_0^{\frac{\pi}{4}} \tan^2 x \, dx$.

40. 用分部积分计算下列定积分：

(1) $\int_0^{\frac{\pi}{2}} x^2 \cos x \, dx$;

(2) $\int_0^{\frac{1}{2}} \arccos x \, dx$.

41. 判断下列广义积分的敛散性：

(1) $\int_1^{+\infty} \frac{1}{x^4} dx$;

(2) $\int_1^{+\infty} \frac{1}{\sqrt{x}} dx$.

42. 设函数 $f(x) = x(1-x)^5 + \frac{1}{2} \int_0^1 f(x) dx$，求 $f(x)$.

43. 已知某产品的边际成本为 $C'(Q) = 2Q + 40$（单位：万元/百台），固定成本为 36 万元. 求：
(1) 成本函数 $C(Q)$；
(2) 产量由 4 百台增至 6 百台时成本的增量.

模拟试卷

学校_____　班级_____　姓名_____　评分_____

模拟试卷一　A 组

一、单项选择题(每题 2 分，共 30 分)

1. 下列函数中，奇函数的是(　　).
   A. $x\tan x$ 　　　　　　　　　　　　B. $2x\cos x$
   C. $\cos(3x^2+1)$ 　　　　　　　　　D. $|\tan x|$

2. 当 $x\to 0$ 时，下列函数为无穷小的是(　　).
   A. $\ln x$ 　　　　　　　　　　　　B. e^x-2
   C. $\arcsin x$ 　　　　　　　　　　D. $\cos(x+1)$

3. 函数 $f(x)=\begin{cases}2x-1, & x>0, \\ 1+x, & x\leqslant 0,\end{cases}$ 则 $x=0$ 是该函数的(　　).
   A. 可去间断点 　　　　　　　　　　B. 无穷间断点
   C. 跳跃间断点 　　　　　　　　　　D. 振荡间断点

4. 函数 $f(x)=\sqrt{x-2}-\sqrt{5-x}$ 的连续区间为(　　).
   A. $[2,5]$ 　　　　　　　　　　　　B. $(-\infty,5]\cup[2,+\infty)$
   C. $(2,5)$ 　　　　　　　　　　　　D. $(-\infty,5)\cup(2,+\infty)$

5. 下列求导正确的是(　　).
   A. $(\cos x)'=-\sin x$ 　　　　　　B. $(\sin x)'=-\cos x$
   C. $\left(\dfrac{1}{3}x^3+1\right)'=x^2+1$ 　　D. $(e^{2x})'=e^{2x}$

6. 极限 $\lim\limits_{x\to\infty}\dfrac{2x^3-x^2+1}{3x^2+2x+2}$ 的值为(　　).
   A. ∞ 　　　　　　　　　　　　B. 1
   C. $\dfrac{3}{2}$ 　　　　　　　　　　D. $\dfrac{2}{3}$

7. 若函数 $y=2x e^x+\sin\dfrac{\pi}{3}$，则 $dy=$(　　).
   A. $2e^x(x+1)$ 　　　　　　　　　　B. $2e^x(x+1)dx$
   C. $e^x(x+1)dx$ 　　　　　　　　　　D. $4xe^x dx$

8. $\int(x^2)'dx=$(　　).
   A. $\dfrac{1}{3}x^3+C$ 　　　　　　　B. x^2+C
   C. x^2 　　　　　　　　　　　　　　D. $\dfrac{1}{3}x^3$

9. $\lim\limits_{x\to 0}\dfrac{\sin mx}{\sin 4x}=2$,则 $m=(\quad)$.

A. 4　　　　　　　　　　　　B. 8

C. 6　　　　　　　　　　　　D. 2

10. 设函数 $f(x)=\dfrac{1}{2}x^2-2x-1$,则 $f''(x)=(\quad)$.

A. x　　　　　　　　　　　B. $x-2$

C. 0　　　　　　　　　　　　D. 1

11. 设曲线 $y=-x^2$,则该曲线在 $x=1$ 处的切线方程为($\quad$).

A. $y=-2x+2$　　　　　　　B. $y=-2x$

C. $y=-2x+1$　　　　　　　D. $y=-2x-3$

12. $\left(\int\cos x\,\mathrm{d}x\right)'=(\quad)$.

A. $\sin x$　　　　　　　　　B. $\cos x+C$

C. $\cos x$　　　　　　　　　D. $\sin x+C$

13. 若函数 $y=\ln(\mathrm{e}^x+2)$,则 $\dfrac{\mathrm{d}y}{\mathrm{d}x}=(\quad)$.

A. $\dfrac{\mathrm{e}^x}{\mathrm{e}^x+2}$　　　　　　　　　B. $\dfrac{1}{\mathrm{e}^x+2}\mathrm{d}x$

C. 1　　　　　　　　　　　　D. $\dfrac{\mathrm{e}^x}{\mathrm{e}^x+2}\mathrm{d}x$

14. 下列各式中,计算正确的是($\quad$).

A. $\lim\limits_{x\to 0}\dfrac{\sin 2x}{x}=\dfrac{1}{2}$　　　　　B. $\lim\limits_{x\to 0}\dfrac{\mathrm{e}^x-1}{x}=1$

C. $\lim\limits_{x\to 0}\left(1+\dfrac{1}{x}\right)^x=\mathrm{e}$　　　　D. $\lim\limits_{x\to 0}\dfrac{\tan x}{x}=0$

15. 设函数 $f(x)=x^3-6x^2+9x+5$,则 $x=1$ 为 $f(x)$ 在 $[-3,3]$ 上的($\quad$).

A. 极大值点,也是最大值点　　　B. 极大值点,但不是最大值点

C. 最大值点,但不是极大值点　　D. 既不是极大值点,也不是最大值点

二、填空题(每题 2 分,共 20 分)

16. 函数 $y=\dfrac{\sqrt{x+2}}{x-1}$ 的定义域是_____.

17. $\lim\limits_{x\to\infty}\left(1+\dfrac{1}{x}\right)^x=$_____.

18. 复合函数 $y=\sin\left(\dfrac{1}{2}x^2+1\right)$ 可分解为_____.

19. 函数 $f(x)$ 在点 x_0 处连续的充分必要条件是 $\lim\limits_{x\to x_0}f(x)=$_____.

20. 若函数 $y=f(x)$ 在 (a,b) 内有二阶导数,对任意 $x\in(a,b)$,则当 $f''(x)>0$ 时,$y=f(x)$ 在 (a,b) 内是_____.

21. 函数 $y=\dfrac{1}{x^2-4}$ 的间断点是_____.

模拟试卷一　A组

22. 函数 $y = x^4 + 2x + 1$，则 $\dfrac{dy}{dx} =$ _____．

23. $\int \sin x \, dx =$ _____．

24. 若函数 $f(x)$ 有原函数，则 $f(x)$ 有 _____ 个原函数．

25. $\int_0^1 \dfrac{1}{4} x^3 \, dx =$ _____．

三、判断题（每题 2 分，共 20 分）

26. $\lim\limits_{x \to -\infty} f(x) = \lim\limits_{x \to +\infty} f(x) = A$ 是 $\lim\limits_{x \to \infty} f(x) = A$ 成立的充分必要条件．　　（　　）

27. 可去间断点与无穷间断点统称为第一类间断点．　　（　　）

28. $f(x) = |x|$ 在 $x = 0$ 处既连续又可导．　　（　　）

29. 一切三角函数都是基本初等函数．　　（　　）

30. $\lim\limits_{x \to -1} \dfrac{1}{x+1} = \infty$，因此，当 $x \to -1$ 时，$f(x) = \dfrac{1}{x+1}$ 为无穷小．　　（　　）

31. 若 $f(x)$ 在 $x = x_0$ 处导数 $f'(x_0)$ 不存在，则它在 $x = x_0$ 处的切线方程为 $x = x_0$．　　（　　）

32. 有界函数与无穷小的乘积仍然是无穷小．　　（　　）

33. 若 $f(x)$ 在 $[a, b]$ 内连续，则函数 $f(x)$ 在 $[a, b]$ 内既有最大值又有最小值．　　（　　）

34. $\lim\limits_{x \to \frac{\pi}{2}} \dfrac{\cos x}{x - \dfrac{\pi}{2}} = 1$．　　（　　）

35. $\int e^{2x} \, dx = \dfrac{1}{2} e^{2x}$．　　（　　）

四、计算题（36 题 2 分，37 和 38 题分别 4 分，39~42 题分别 5 分；共 30 分）

36. 求极限 $\lim\limits_{x \to 0} \dfrac{\sin 2x}{2 \arcsin x}$．

37. 设函数 $f(x) = \ln(x^2 + 1)$，求 $f'(x)$ 及 $f'(1)$．

38. 函数 $f(x)=x^2+2x-4$，求函数的单调区间，并求极大值、极小值．

39. 设函数 $f(x)=\begin{cases} \sin x, & x<0, \\ x, & x\geqslant 0, \end{cases}$ 试问函数 $f(x)$ 在 $x=0$ 处的连续性与可导性．

40. 求曲线 $\begin{cases} x=\sin t, \\ y=\cos 2t \end{cases}$ 在 $t=\dfrac{\pi}{4}$ 处的切线方程和法线方程．

41. 计算不定积分：$\int \left(\dfrac{1}{x}+x^4+\sin 3x-\mathrm{e}^x \right) \mathrm{d}x$．

42. 计算定积分：$\int_0^1 (x^3-2x+1)\mathrm{d}x$．

学校_____ 班级_____ 姓名_____ 评分_____

模拟试卷一　B 组

一、单项选择题(每题 2 分,共 30 分)

1. 极限 $\lim\limits_{x \to 0}\left(x\sin\dfrac{1}{x} - \dfrac{1}{x}\sin x\right)$ 的结果是(　　).

   A. 0　　　　　　　　　　　　B. 1

   C. −1　　　　　　　　　　　　D. 不存在

2. 下列变量中,是无穷小量的是(　　).

   A. $\ln x\,(x \to 1)$　　　　　　　　B. $\ln\dfrac{1}{x}\,(x \to 0^+)$

   C. $\cos x\,(x \to 0)$　　　　　　　D. $\dfrac{x-2}{x^2-4}\,(x \to 2)$

3. 函数 $y = \sin x\cos x$ 是(　　).

   A. 奇函数　　　　　　　　　　B. 偶函数

   C. 非奇非偶函数　　　　　　　D. 既是奇函数又是偶函数

4. 当 $x \to \infty$ 时,下列函数中有极限的是(　　).

   A. $\dfrac{x+1}{x^2+1}$　　　　　　　　　B. $\cos x$

   C. $\dfrac{1}{e^x}$　　　　　　　　　　D. x

5. 极限 $\lim\limits_{x \to 0}(1-x)^{\frac{1}{x}}$ 的结果是(　　).

   A. 1　　　　　　　　　　　　B. 0

   C. e　　　　　　　　　　　　D. $\dfrac{1}{e}$

6. 下列说法正确的是(　　).

   A. 若 $f(x)$ 在 $x = x_0$ 处连续,则 $f(x)$ 在 $x = x_0$ 处可导

   B. 若 $f(x)$ 在 $x = x_0$ 处不可导,则 $f(x)$ 在 $x = x_0$ 处不连续

   C. 若 $f(x)$ 在 $x = x_0$ 处不可微,则 $f(x)$ 在 $x = x_0$ 处极限不存在

   D. 若 $f(x)$ 在 $x = x_0$ 处不连续,则 $f(x)$ 在 $x = x_0$ 处不可导

7. 已知 $y = e^{2x} + x^2$,则 $y''(1) = ($ 　　$)$.

   A. $2e^2 + 2$　　　　　　　　　B. $2e^2$

   C. $4e^2 + 2$　　　　　　　　　D. $4e^2$

8. 设函数 $f(x)$ 在区间 $[0,1]$ 上连续,在开区间 $(0,1)$ 可导,且 $f'(x)>0$,则( ).

A. $f(0)<0$ B. $f(1)>f(0)$
C. $f(1)>0$ D. $f(1)<f(0)$

9. 设 $f(x)$ 在区间 $[a,b]$ 上满足条件 $f'(x)>0$,$f''(x)<0$,则曲线 $y=f(x)$ 在该区间上( ).

A. 上升且是凹的 B. 上升且是凸的
C. 下降且是凹的 D. 下降且是凸的

10. $f(x)$ 是连续函数,则 $\int f(x)dx$ 是 $f(x)$ 的( ).

A. 一个原函数 B. 一个导函数
C. 全体原函数 D. 全体导函数

11. $\int \left(\dfrac{1}{1+x^2}\right)'dx = ($ $)$.

A. $\dfrac{1}{1+x^2}$ B. $\dfrac{1}{1+x^2}+C$
C. $\arctan x$ D. $\arctan x + C$

12. $\int (\cos x - \sin x)dx = ($ $)$.

A. $-\sin x + \cos x + C$ B. $-\sin x - \cos x + C$
C. $\sin x - \cos x + C$ D. $\sin x + \cos x + C$

13. 若 $f'(x)=g'(x)$,则下列式子一定成立的是( ).

A. $f(x)=g(x)$ B. $f(x)=g(x)+1$
C. $\int f'(x)dx = \int g'(x)dx$ D. $\left(\int f'(x)dx\right)' = \left(\int g'(x)dx\right)'$

14. 设 $f(x)$ 在 $[a,b]$ 上连续,且存在原函数 $F(x)$,则下式中正确的是( ).

A. $\int_a^b f(x)dx = F(b)-F(a)$ B. $\int_a^b f(x)dx = f(b)-f(a)$
C. $\int_a^b f(x)dx = F(a)-F(b)$ D. $\int_a^b f(x)dx = f(a)-f(b)$

15. 定积分 $\int_a^b f(x)dx$ 是( ).

A. 一个函数族 B. $f(x)$ 的一个原函数
C. 一个常数 D. 一个非负常数

二、填空题(每题 2 分,共 20 分)

16. 已知函数 $y=\sqrt{x-1}+3\sqrt{3-x}$,则该函数的连续区间为_____.

17. $\lim\limits_{x\to 0}(1-x)^{\frac{2}{x}} = $_____.

18. $\lim\limits_{x\to\infty}\dfrac{x^3-2x+5}{2x^3+x-3} = $_____.

19. 函数 $y=\dfrac{2x}{(x+3)^2}$ 的间断点是_____.

20. $\lim\limits_{x\to 0} x\cos\dfrac{1}{x^2}$ _____.

21. 若 $f(x)=\mathrm{e}^{2x}+2$，则 $f'(0)=$ _____.

22. 设 $y=\cos x^2$，则 $\mathrm{d}y=$ _____.

23. 不定积分 $\int \mathrm{e}^x\,\mathrm{d}\mathrm{e}^x=$ _____.

24. 若在某区间上 $F(x)$ 是 $f(x)$ 的一个原函数，则 $f(x)$ 的所有原函数为 _____.

25. $\int_{-1}^{1}(x\cos x+1)\,\mathrm{d}x=$ _____.

三、判断题（每题 2 分，共 20 分）

26. $\lim\limits_{x\to\infty}\dfrac{\sin x}{x}=1$. ( )

27. 一切初等函数在其定义域上是连续的. ( )

28. 曲线 $y=x^2+\sin x$ 在 $x=\dfrac{\pi}{2}$ 处切线斜率是 2π. ( )

29. 函数 $f(x)=\dfrac{\sin x}{x}$，则 $f'(x)=\dfrac{x\cos x+\sin x}{x^2}$. ( )

30. 当 $x\in(x_0-\delta,x_0)$ 时，$f'(x)>0$，当 $x\in(x_0,x_0+\delta)$ 时，$f'(x)<0$，则 $f(x_0)$ 是 $f(x)$ 的极大值. ( )

31. 若函数 $f(x)$ 有原函数，则 $f(x)$ 有无数个原函数. ( )

32. $\int\cos(2x+3)\,\mathrm{d}x=\dfrac{1}{2}\sin(2x+3)$. ( )

33. $\int_{0}^{1}x^2\,\mathrm{d}x=\dfrac{1}{3}x^3\Big|_{0}^{1}=\dfrac{1}{3}-0=\dfrac{1}{3}$. ( )

34. 定积分分部积分公式为 $\int_{a}^{b}u(x)v'(x)\,\mathrm{d}x=u(x)v(x)\big|_{a}^{b}-\int_{a}^{b}u'(x)v(x)\,\mathrm{d}x$. ( )

35. 若 $f(x)$ 是区间 $[a,b]$ 上的连续函数，则 $f(x)$ 在 $[a,b]$ 上可积. ( )

四、解答题（36 和 37 题分别 3 分，38～43 题分别 4 分；共 30 分）

36. 求极限 $\lim\limits_{x\to 2}\left(\dfrac{1}{x-2}-\dfrac{4}{x^2-4}\right)$.

37. 设函数 $f(x)=\begin{cases}\sin x+1, & x>0,\\ \mathrm{e}^x, & x\leqslant 0,\end{cases}$ 讨论函数 $f(x)$ 在点 $x=0$ 处的连续性及可导性.

38. 设曲线方程为 $y = \dfrac{1}{3}x^3 + \dfrac{1}{2}x^2 + 6x + 3$,求曲线在点 $(0,3)$ 处的切线方程和法线方程.

39. 求函数 $y = x^3 - 12x + 10$ 的单调区间和极值.

40. 设函数 $f(x) = \ln(x^2 + 2x)$,求 $f'(x)$ 和 $f'(1)$.

41. 求积分 $\displaystyle\int \left(x^2 - \dfrac{3}{x^3} + \sqrt[3]{x} - \dfrac{1}{x} \right) \mathrm{d}x$.

42. 求定积分 $\displaystyle\int_0^1 \dfrac{\mathrm{e}^{2x} - 1}{\mathrm{e}^x - 1} \mathrm{d}x$.

43. 求广义积分 $\displaystyle\int_a^{+\infty} \dfrac{1}{x^2} \mathrm{d}x$.

学校_____ 班级_____ 姓名_____ 评分_____

模拟试卷二　A组

一、单项选择题(每题 2 分,共 30 分)

1. 函数 $f(x)=\ln(1-x)+\sqrt{x+1}$ 的定义域为(　　).
   A. $[-1, 1]$ 　　　　　　　　　B. $(-1, 1]$
   C. $[-1, 1)$ 　　　　　　　　　D. $(-1, 1)$

2. 设 $f(x)$ 是定义在 $[-a, a]$ 上的函数,且 $f(x) \neq C$(C 为常数),则 $g(x)=f(x)-f(-x)$ 必是(　　).
   A. 奇函数 　　　　　　　　　B. 偶函数
   C. 非奇非偶函数 　　　　　　D. 既奇又偶函数

3. 下列函数在给定区间满足罗尔定理条件的有(　　).
   A. $y=\dfrac{1-x^2}{1+x^2}$, $[-1, 1]$ 　　B. $y=xe^{-x}$, $[-1, 1]$
   C. $y=\dfrac{1}{1+x}$, $[-1, 1]$ 　　　　D. $y=\ln x^2$, $[-1, 1]$

4. 当 $x \to 0$ 时,下列无穷小量与 $\ln(1+2x)$ 等价的是(　　).
   A. x 　　　　　　　　　　　B. $\dfrac{1}{2}x$
   C. x^2 　　　　　　　　　　D. $\sin 2x$

5. 函数 $f(x)=\begin{cases} 2x, & x \geqslant 1 \\ x^2, & x < 1 \end{cases}$ 在点 $x=1$ 处(　　).
   A. 不可导 　　　　　　　　　B. 连续
   C. 可导且 $f'(1)=2$ 　　　　　D. 无法判断

6. $\lim\limits_{x \to 1} \dfrac{\sin^2(1-x)}{(x-1)^2(x+2)} =$ (　　).
   A. $\dfrac{1}{3}$ 　　　　　　　　　　B. $-\dfrac{1}{3}$
   C. 0 　　　　　　　　　　　D. $\dfrac{2}{3}$

7. 函数 $y=\arcsin^2[\lg(2x+1)]$ 的复合过程是(　　).
   A. $y=\arcsin u$, $u=\lg^2 v$, $v=2x+1$
   B. $y=\arcsin u$, $u=v^2$, $v=\lg(2x+1)$
   C. $y=u^2$, $u=\arcsin v$, $v=2x+1$
   D. $y=u^2$, $u=\arcsin v$, $v=\lg w$, $w=2x+1$

8. 极限 $\lim\limits_{x\to+\infty}\sqrt{x}(\sqrt{x+a}-\sqrt{x})=1$，则 a 的值是( ).

A. 1
B. $\dfrac{1}{2}$

C. $-\dfrac{1}{2}$
D. 2

9. $\int\cos(1-3x)\mathrm{d}x=($).

A. $-\dfrac{1}{3}\sin(1-3x)+C$
B. $\dfrac{1}{3}\sin(1-3x)+C$

C. $-\sin(1-3x)+C$
D. $3\sin(1-3x)+C$

10. 设 $f(x)$ 具有二阶连续导数，$f'(2)=0$，$\lim\limits_{x\to 2}\dfrac{f(x)}{(x-2)^2}=-2$，则一定成立的是( ).

A. $f(2)$ 是 $f(x)$ 的极大值
B. $f(2)$ 是 $f(x)$ 的极小值
C. $(2,f(2))$ 是曲线的拐点
D. $x=2$ 不是曲线的极值点

11. 下列等式中不正确的是( ).

A. $\left(\int f(x)\mathrm{d}x\right)'=f(x)$
B. $\mathrm{d}\left(\int f(x)\mathrm{d}x\right)=f(x)\mathrm{d}x$

C. $\int f'(x)\mathrm{d}x=f(x)$
D. $\int\mathrm{d}f(x)=f(x)+C$

12. 下列结论错误的是( ).

A. 若 $f(x)$ 在 $x=x_0$ 处可导，则 $f(x)$ 在 $x=x_0$ 处连续
B. 若 $f(x)$ 在 $x=x_0$ 处可导，则 $f(x)$ 在 $x=x_0$ 处可微分
C. 若 $f(x)$ 在 $x=x_0$ 处取极大值，则 $f'(x_0)=0$ 或者不存在
D. 若点 (x_0,y_0) 为函数 $f(x)$ 的拐点，则 $f''(x_0)=0$

13. 已知曲线 $y=\dfrac{1}{x}$ 与曲线 $y=ax^2+b$ 在点 $\left(2,\dfrac{1}{2}\right)$ 处相切，则( ).

A. $a=-\dfrac{1}{16}$, $b=-\dfrac{3}{4}$
B. $a=-\dfrac{1}{16}$, $b=\dfrac{3}{4}$

C. $a=\dfrac{1}{16}$, $b=-\dfrac{3}{4}$
D. $a=\dfrac{1}{16}$, $b=\dfrac{3}{4}$

14. 设曲线 $\begin{cases}x=1+t^2\\ y=t^3\end{cases}$ (t 为参数)，则 $\dfrac{\mathrm{d}^2 y}{\mathrm{d}x^2}=($).

A. $\dfrac{3}{4t}$
B. $\dfrac{3}{2}$

C. $\dfrac{1}{2t}$
D. $3t$

15. 设曲线 $y=-f(x)$ 在 $[a,b]$ 上连续，则由曲线 $y=-f(x)$、直线 $x=a$, $x=b$ 及 x 轴围成的图形的面积 $A=($).

A. $\int_a^b f(x)\mathrm{d}x$
B. $-\int_a^b f(x)\mathrm{d}x$

C. $\int_a^b |f(x)|\mathrm{d}x$
D. $\left|\int_a^b f(x)\mathrm{d}x\right|$

二、填空题(每题 2 分,共 20 分)

16. 已知 $f\left(x+\dfrac{1}{x}\right)=x^2+\dfrac{1}{x^2}$,则 $f(x)=$ _____.

17. 极限 $\lim\limits_{x\to\infty}\left(1+\dfrac{2}{x}\right)^{2x}=$ _____.

18. 曲线 $y=\sin x$ 在区间 $(0,2\pi)$ 内的拐点是 _____.

19. 设 $y=\sqrt{1-9x^2}\arcsin 3x$,则 $\mathrm{d}y=$ _____.

20. 函数 $y=\arccos\dfrac{1-x}{3}$ 的反函数是 _____.

21. 设 $f(x)$ 连续,且 $\int_0^{2x}f(t)\mathrm{d}t=1+x^3$,则 $f(8)=$ _____.

22. 函数 $y=\sin x+\sqrt{3}\cos x$ 的最小正周期是 _____.

23. 设函数 $f(x)=\begin{cases}\mathrm{e}^{ax}-a, & x\leqslant 0 \\ x+a\cos 2x, & x>0\end{cases}$ 为 $(-\infty,+\infty)$ 上的连续函数,则 $a=$ _____.

24. $\displaystyle\int_{-1}^{1}\dfrac{x^2+x^5\sin x^2}{1+x^2}\mathrm{d}x=$ _____.

25. 函数 $f(x)=\begin{cases}x(1-x)^{\frac{1}{x}}, & x<0 \\ 0, & x\geqslant 0\end{cases}$,在 $x=0$ 处的左导数 $f'_{-}(0)=$ _____.

三、判断题(每题 2 分,共 20 分)

26. 当 $x\to 0$ 时,$(1+x^2)^{\frac{1}{4}}-1$ 与 $x\sin x$ 是等价无穷小. ( )

27. 由方程 $xy+\ln y=1$ 确定的隐函数 $x=x(y)$ 的微分 $\mathrm{d}x=-\dfrac{1+xy}{y^2}\mathrm{d}y$. ( )

28. 函数 $y=\dfrac{x}{1-x^2}$ 在 $(-1,1)$ 内单调减少. ( )

29. 设 $f(x)=x(x+1)(x+3)$,则 $f'(x)=0$ 有两个根. ( )

30. 曲线 $y=\dfrac{(x-1)^2}{(x+1)^3}$ 的水平渐近线是 $y=0$. ( )

31. 设 $f(x)=x(x-1)(x-2)(x-3)(x-4)$,则 $f'(4)=4!$. ( )

32. 设 $f(x)$ 的定义域是 $[0,1]$,则 $f(9x^2)$ 的定义域是 $\left(-\dfrac{1}{3},\dfrac{1}{3}\right)$. ( )

33. 广义积分 $\displaystyle\int_0^1\dfrac{1}{\sqrt{x}}\mathrm{d}x$ 是发散的. ( )

34. 若函数 $y=a^x$,则 $y^{(n)}=a^x\ln^n a$. ( )

35. 设函数 $f(x),g(x)$ 均可微,且同为某一函数的原函数,$f(1)=3,g(1)=1$,则 $f(x)-g(x)=3$. ( )

四、解答题(36 和 37 题分别 3 分,38~43 题分别 4 分;共 30 分)

36. 设 $y = x^2 + 2^x + e^{2-x}$,求 y'.

37. 计算 $\lim\limits_{x \to 0} \dfrac{\tan x - x}{x - \sin x}$.

38. 设 $y = \ln \dfrac{e^x}{e^x + 1}$,求 $y''|_{x=0}$.

模拟试卷二　A 组

39. 求由曲线 $y=x^2$ 及 $y=\sqrt{x}$ 所围成的平面图形的面积.

40. 某立体收音机厂商测定,为了销售一款新的立体收音机 x 台,每台的价格必须是 $P(x)=800-x$（单位:元）,厂商还测定,生产 x 台的总成本 $C(x)=2\,000+10x$. 为了使利润最大化,厂商必须生产多少台？最大利润是多少？

41. 计算不定积分 $\displaystyle\int\frac{\arcsin x}{\sqrt{1+x}}\mathrm{d}x$.

42. 设 $f(x)=\begin{cases}\dfrac{\ln(1+ax^3)}{x-\arcsin x}, & x<0, \\ 6, & x=0, \\ \dfrac{e^{ax}+x^2-ax-1}{x\sin\dfrac{x}{4}}, & x>0,\end{cases}$ 问 a 为何值时，$x=0$ 是 $f(x)$ 的可去间断点？

43. 证明：当 $x>0$ 时，$\dfrac{x}{\sqrt{1+x}}>\ln(1+x)$.

学校_____   班级_____   姓名_____   评分_____

模拟试卷二 B组

一、单项选择题(每题 2 分,共 30 分)

1. $y=\sqrt{x^2-1}+\lg(x+2)$ 的定义域为(   ).
   A. $(-2,+\infty)$
   B. $(1,+\infty)$
   C. $(-2,-1]\cup[1,+\infty)$
   D. $(-2,-1)$

2. 设 $f(x)=\begin{cases}e^x, & x\leqslant 0,\\ ax+b, & x>0,\end{cases}$ 若 $\lim\limits_{x\to 0}f(x)$ 存在,则必有(   ).
   A. $a=0,b=0$
   B. $a=2,b=-1$
   C. $a=-1,b=2$
   D. a 为任意常数,$b=1$

3. 下列各式成立的是(   ).
   A. $\lim\limits_{x\to 0}x^2\sin\dfrac{1}{x^2}=1$
   B. $\lim\limits_{x\to\frac{\pi}{2}}\dfrac{\cos x}{\frac{\pi}{2}-x}=1$
   C. $\lim\limits_{x\to\infty}\dfrac{\sin x^2}{x^2}=1$
   D. $\lim\limits_{x\to\frac{\pi}{2}}\dfrac{\sin x}{x}=1$

4. 当 $x\to 0$ 时,若 $2a-\cos x\sim\dfrac{1}{2}x^2$,则可确定 a 的值一定是(   ).
   A. 0
   B. 1
   C. $\dfrac{1}{2}$
   D. $-\dfrac{1}{2}$

5. 关于曲线 $y=(x-5)^{\frac{5}{3}}+2$,(   ).
   A. 有极值点 $x=5$ 但无拐点
   B. 有拐点 $(5,2)$ 但无极值点
   C. 有极值点 $x=5$ 及拐点 $(5,2)$
   D. 既无极值点又无拐点

6. 设函数 $f(x)=\ln\sin x$,则 $df(x)=$(   ).
   A. $\dfrac{1}{\sin x}dx$
   B. $-\cot x\,dx$
   C. $\cot x\,dx$
   D. $\tan x\,dx$

7. 函数 $y=x^2-8x+5$ 的极小值是(   ).
   A. 5
   B. -11
   C. 7
   D. 4

8. $\int_1^e \frac{1+\ln x}{x} dx = ($ $)$.

A. $\frac{3}{2}$　　　　　　　　　　　B. $-\frac{3}{2}$

C. $\frac{2}{3}$　　　　　　　　　　　D. e

9. $f'(x^2) = \frac{1}{x}$ $(x>0)$，则 $f(x) = ($ $)$.

A. $2x + C$　　　　　　　　　　B. $2\sqrt{x} + C$

C. $x^2 + C$　　　　　　　　　　D. $\frac{1}{\sqrt{x}} + C$

10. 设函数 $f(x)$ 有连续的二阶导数，且 $f'(0) = 0$，$\lim\limits_{x \to 0} \frac{f''(x)}{|x|} = 1$，则（   ）.

A. $f(0)$ 是函数的极小值　　　　　B. $f(0)$ 是函数的极大值

C. $(0, f(0))$ 是曲线 $y = f(x)$ 的拐点　　D. $f(0)$ 不是 $f(x)$ 的极值

11. 设 $y = \cos(\sin x)$，则 $dy = ($ $)$.

A. $-\sin(\sin x)\cos x\, dx$　　　　　B. $-\sin(\sin x) dx$

C. $-\cos(\sin x)\cos x\, dx$　　　　　D. $-\cos(\sin x) dx$

12. $\int_{-1}^{1} \frac{1}{x^2} dx = ($ $)$.

A. 0　　　　　　　　　　　　B. 2

C. -2　　　　　　　　　　　D. 不存在

13. 函数 $f(x) = e^x - e^{-x}$ 的一个原函数是（   ）.

A. $F(x) = e^x - e^{-x}$　　　　　　B. $F(x) = e^{-x} - e^x$

C. $F(x) = e^x + e^{-x}$　　　　　　D. $F(x) = -e^x - e^{-x}$

14. 曲线 $f(x) = \begin{cases} x+1, & x \geq 0, \\ 1+\sin x, & x < 0 \end{cases}$ 在点 $(0, 1)$ 处的切线斜率是（   ）.

A. 0　　　　　　　　　　　　B. 1

C. 2　　　　　　　　　　　　D. 3

15. $f(x) = (x - x_0) \cdot \varphi(x)$，其中 $\varphi(x)$ 可导，则 $f'(x_0) = ($ $)$.

A. 0　　　　　　　　　　　　B. ∞

C. $\varphi(x_0)$　　　　　　　　　　D. $\varphi'(x_0)$

二、填空题（每题 2 分，共 20 分）

16. 由函数 $y = e^u$，$u = v^3$，$v = \sin x$ 构成的复合函数为_____.

17. 曲线 $y = \cos 2x$ 在 $x = \frac{\pi}{4}$ 处的切线方程为_____.

18. 若 $y = \cos e^{5x}$，则 $y'' = $_____.

19. $\lim\limits_{x \to \frac{\pi}{3}} \frac{1 - 2\cos x}{\sin\left(x - \frac{\pi}{3}\right)} = $_____.

20. 设 e^{x^2} 为 $f(x)$ 的一个原函数，则 $\int e^{-x^2} \cdot f(x) dx = \underline{\hspace{2cm}}$.

21. 设 $y = 2x^2 + ax + 3$ 在点 $x = 1$ 取得极小值，则 $a = \underline{\hspace{2cm}}$.

22. $f(x) = \ln(1 + x^2) - x$ 在区间 $\underline{\hspace{2cm}}$ 上为单调递减函数.

23. 已知 $e^x + y^2 = 1$，则 $\dfrac{dy}{dx} = \underline{\hspace{2cm}}$.

24. $\int \sin 2x \, dx = \underline{\hspace{2cm}}$.

25. 定积分 $\int_0^\pi \sin \dfrac{x}{2} dx = \underline{\hspace{2cm}}$.

三、判断题（每题 2 分，共 20 分）

26. 函数 $f(x) = \arctan \dfrac{1}{x+2}$ 在定义域内是奇函数. （　　）

27. 极限 $\lim\limits_{x \to 0}\left(x \sin \dfrac{2}{x} + \dfrac{2}{x} \sin x\right) = 2$. （　　）

28. 若函数 $y = f(u)$ 可导，$u = e^x$，则 $dy = f'(e^x) de^x$. （　　）

29. 设 $\lim\limits_{x \to a} \dfrac{f(x) - f(a)}{(x-a)^2} = -1$，则在 $x = a$ 处 $f(x)$ 取得极小值. （　　）

30. 若在区间 $[-1, 1]$ 上有 $f'(x) = (x-1)^2$，则曲线 $f(x)$ 在区间 $[-1, 1]$ 上是单调增加的. （　　）

31. 已知函数 $f(x) = (x-a)g(x)$，其中 $g(x)$ 在点 $x = a$ 处二阶可导，则 $f''(a) = 2g(a)$. （　　）

32. 设 $f(x) = \dfrac{\sin 2x}{x}$，则 $x = 0$ 是 $f(x)$ 的跳跃间断点. （　　）

33. 若 $f(x)$ 有原函数 e^x，则 $\int x f(x) dx = x e^x - e^x + C$. （　　）

34. 设 $f(x)$ 是可导函数，则 $\left(\int f(x) dx\right)' = f(x)$. （　　）

35. 定积分 $\int_{-1}^{1} \dfrac{x^3 + 1}{1 + x^2} dx = \pi$. （　　）

四、计算题（36~41 题分别 3 分，42~44 题分别 4 分；共 30 分）

36. 求极限 $\lim\limits_{x \to +\infty}\left(1 + \dfrac{1}{x}\right)^{x^2} \cdot e^{-x}$.

37. 讨论 $f(x)=\begin{cases} x\arctan\dfrac{1}{x}, & x\neq 0, \\ 0, & x=0 \end{cases}$ 在 $x=0$ 处的连续性与可导性.

38. 求曲线 $\begin{cases} x=3^t, \\ y=\tan t \end{cases}$ 在 $t=0$ 相应的点处的切线方程.

39. 由方程 $e^y - xy^2 = e^2$ 确定的函数为 $y=y(x)$，求 $\dfrac{dy}{dx}$ 及 $\dfrac{dy}{dx}\bigg|_{x=0}$.

40. 设 $y = \dfrac{(x+1)^2(x+2)^3}{\sqrt{x+3}(x+4)}$,求 y'.

41. 讨论函数 $y = \dfrac{1}{5}x^5 - \dfrac{1}{3}x^3$ 的单调性.

42. 求不定积分 $\displaystyle\int \dfrac{1}{x\sqrt{x^2-1}}\mathrm{d}x$.

43. 求定积分 $\int_1^e x\ln x\,dx$.

44. 过坐标原点作曲线 $y=e^x$ 的切线 l，切线 l 与曲线 $y=e^x$ 及 y 轴围成的平面图形记为 G，求 G 的面积.

学校_____ 班级_____ 姓名_____ 评分_____

模拟试卷三* A 组

一、单项选择题(每题 5 分,共 50 分)

1. 函数 $y = \ln(x+1) + \dfrac{1}{\sqrt{3-x}}$ 的定义域为( ).
   A. $[-1, 3]$　　　　　　　　　　B. $(-1, 3)$
   C. $[-1, 3)$　　　　　　　　　　D. $(-1, 3]$

2. 已知函数 $y = 2\sin 3x + 1$,则其周期 $T = ($).
   A. 2π　　　　　　　　　　　　B. 3π
   C. $\dfrac{2\pi}{3}$　　　　　　　　　　　　D. 6π

3. 已知函数 $f(x) = |x-1|$,则 $(1, 0)$ 为 $f(x)$ 的( ).
   A. 极大值点　　　　　　　　　B. 极小值点
   C. 非极值点　　　　　　　　　D. 间断点

4. 当 $x \to 0$ 时,$\tan x$ 是 x 的( )无穷小.
   A. 高阶　　　　　　　　　　　B. 低阶
   C. 同阶　　　　　　　　　　　D. 等价

5. $\lim\limits_{x \to x_0^-} f(x) = \lim\limits_{x \to x_0^+} f(x)$ 是 $\lim\limits_{x \to x_0} f(x)$ 存在的( )条件.
   A. 充分不必要　　　　　　　　B. 必要不充分
   C. 充要　　　　　　　　　　　D. 无关

6. 已知 $f(x) = x$,则 $\lim\limits_{\Delta x \to 0} \dfrac{f(a + 2\Delta x) - f(a)}{\Delta x} = ($).
   A. $\dfrac{1}{2}$　　　　　　　　　　　B. 1
   C. 2　　　　　　　　　　　　D. -2

7. 已知函数 $f(x) = \begin{cases} x - 3, & x < 0, \\ 0, & x = 0, \\ 2^x, & x > 0, \end{cases}$ 则 $\lim\limits_{x \to 0} f(x) = ($).
   A. -3　　　　　　　　　　　B. 1
   C. 0　　　　　　　　　　　　D. 不存在

---

* 专升本模拟试卷.

8. 下列式子中不正确的是( ).

A. $d\int f(x)dx = f(x)$
B. $\int df(x) = f(x) + C$
C. $\dfrac{d}{dx}\int f(x)dx = f(x)$
D. $\int f'(x)dx = f(x) + C$

9. 已知函数 $y = xe^x$，则 $y^{(n)} = $ ( ).

A. $(x+n)e^x$
B. $n + xe^x$
C. nxe^x
D. ne^x

10. 下列说法正确的是( ).

A. 可导不一定可微
B. 可导一定连续
C. 连续一定可导
D. 可导不一定连续

二、填空题(每题 5 分,共 50 分)

11. 已知极限 $\lim\limits_{x\to 0}\dfrac{\sin ax}{2x} = \dfrac{1}{2}$，则 $a = $ _____.

12. 已知 $f(2x) = 4x^2 + 1$，则 $f(x) = $ _____.

13. 函数 $y = \ln(1+x^2)$ 在区间 $[-2, 1]$ 上的最大值与最小值分别为 _____ 和 _____.

14. $y = \sin x + \cos x$，则 $dy = $ _____.

15. 极限 $\lim\limits_{x\to\infty}\dfrac{x^2+x-1}{3x^2-x+1} = $ _____.

16. 已知函数 $y = e^{x^2}$，则 $y' = $ _____.

17. 参数方程 $\begin{cases} x = t, \\ y = 1 + \sin t \end{cases}$ 在 $x = \pi$ 处切线方程为 _____.

18. 定积分 $\int_{-1}^{1}\dfrac{1}{(2x+3)^2}dx = $ _____.

19. 定积分 $\int_{0}^{2\pi}|\cos x|dx = $ _____.

20. 函数 $y = k\ln x$ 在 $x = 3$ 的斜率为 3，则 $k = $ _____.

三、计算题(21 题 6 分,22~24 题分别 8 分;共 30 分)

21. 已知函数 $f(x) = \begin{cases} x^3, & x < 1, \\ ax + b, & x \geqslant 1, \end{cases}$ $f(x)$ 在 $x = 1$ 处连续且可导，求 a, b.

22. 已知由方程 $y^2 - 3xy + 2y + 5 = 0$ 所确定的函数 $y = y(x)$，求 $\dfrac{dy}{dx}$.

23. 计算不定积分 $\int \left(x\sin\dfrac{x}{2} + \sqrt{x} \right) dx$.

24. 求由曲线 $y = e^x (x \geqslant 0)$，$y = e$ 所围成的封闭图形的面积.

四、应用题(共 12 分)

25. 已知某停车场有 50 个停车位出租.当租金为 2 000 元时,可全部租出.当租金每增加 100 元时,就会有一个车位租不出去,且租出去的每个车位需要花费 100 元维护费.问当租金为多少时,可获得最大收入?

五、证明题(共 8 分)

26. 证明:当 $x > 1$ 时,$xe^{-x} > (2-x)e^{x-2}$.

学校_____ 班级_____ 姓名_____ 评分_____

模拟试卷三*   B 组

一、单项选择题（每题 5 分，共 50 分）

1. 设函数 $f(x)=\sin x \cdot e^{\cos x}$，则 $f(x)$ 是（　　）.
   A. 奇函数 B. 偶函数
   C. 单调增函数 D. 单调减函数

2. 函数 $y=\dfrac{\sqrt{5-x}}{x-2}+\sqrt{\lg x}$ 的定义域为（　　）.
   A. $(-\infty, 2) \cup (2, +\infty)$ B. $(1, 5]$
   C. $[1, 2) \cup (2, 5]$ D. $(1, 2)$

3. 当 $x \to 0$ 时，x^3+x 是 $\sin x$（　　）的无穷小.
   A. 高阶 B. 低阶
   C. 同阶 D. 等价

4. 曲线 $f(x)=ke^x$ 在 $x=0$ 处的切线斜率为 2，则 $k=$（　　）.
   A. 0 B. 1
   C. 2 D. 3

5. 若函数 $f(x)=|x|$，则 $f(x)$ 在 $x=0$ 处（　　）.
   A. 可导但不连续 B. 连续但不可导
   C. 连续且可导 D. 不连续也不可导

6. 点 $(0, 1)$ 是函数 $y=x^3+1$ 的（　　）.
   A. 驻点非拐点 B. 驻点且拐点
   C. 拐点非驻点 D. 驻点且极值点

7. 设 $f(x)=\sin x$，则 $\lim\limits_{\Delta x \to 0} \dfrac{f(a)-f(a-\Delta x)}{2\Delta x}=$（　　）.
   A. $\dfrac{1}{2}\cos a$ B. $\dfrac{1}{2}\sin a$
   C. $2\cos a$ D. $2\sin a$

8. 函数 $f(x)=\begin{cases} 2x+3, & x<1, \\ 2, & x=1, \\ x^2-1, & x>1 \end{cases}$，则 $\lim\limits_{x \to 1} f(x)$ 为（　　）.
   A. 0 B. 2 C. 5 D. 不存在

---
* 专升本模拟试卷.

模拟试卷三 B组　　　　　　　　　　　　　　　　　　　　　　　　　167

9. $\lim\limits_{x\to 0}\dfrac{x^3+4x^2-2x}{x^2-x}=(\quad)$.

A. -2 　　　　　　　　　　　　B. 2
C. -1 　　　　　　　　　　　　D. 4

10. 已知函数 $y=x^2+\ln x$，则 $dy=(\quad)$.

A. $(2x+1)dx$ 　　　　　　　　B. $2x\,dx$
C. $(x^3+x)dx$ 　　　　　　　　D. $\left(2x+\dfrac{1}{x}\right)dx$

二、填空题（每题 5 分，共 50 分）

11. 已知 $f(x)=\sin x+\cos x$，则 $f''(x)=$ _____.

12. 过点 $(1,-1)$ 且曲线上任意点处切线的斜率为 $2x+1$ 的曲线方程为 _____.

13. 若 $\lim\limits_{n\to\infty}\left(\dfrac{n^2+2n}{n}+an\right)=2$，则 $a=$ _____.

14. 定积分 $\int_{-2}^{2}(x)dx=$ _____.

15. 已知函数 $y=x^x$，则 $dy=$ _____.

16. 已知 $f(x)=\dfrac{2x}{3x-1}$，则它的反函数 $f^{-1}(x)=$ _____.

17. $\dfrac{d}{dx}\int_{-1}^{4}\sin(x+\cos x)dx=$ _____.

18. 极限 $\lim\limits_{x\to 0}\dfrac{\sin 2x}{\sin 4x}=$ _____.

19. 已知函数 $f(x)=e^x$，$f[\varphi(x)]=x^2+2$，则 $\varphi(x)=$ _____.

20. 设 x^6 是 $f(x)$ 的原函数，则 $\int_{0}^{1}xf'(x)dx=$ _____.

三、计算题（每题 8 分，共 32 分）

21. 求不定积分 $\int x^2(x-3)^6 dx$.

22. 已知函数 $f(x)=\begin{cases}e^{ax+3}, & x\geqslant 0\\ x^2+x+b, & x<0\end{cases}$，在 $x=0$ 处可导，求 a,b 的值.

23. 求由隐函数 $x^2 + 3y^4 + x + 2y = 1$ 确定的导数 $\dfrac{dy}{dx}$.

24. 求极限 $\lim\limits_{x \to \infty} x e^{-x^2} \int_0^x e^{t^2} dt$.

四、应用题(共 10 分)

25. 求由曲线 $y = 4 - x^2$ 和直线 $y = 3x\ (x > 0)$ 及 y 轴所围成的平面图形的面积,并求该封闭图形绕 y 轴旋转一周所围成的旋转体体积.

五、证明题(共 8 分)

26. 证明不等式:当 $x > 1$ 时,$\ln x > \dfrac{x-1}{x+1}$.

图书在版编目(CIP)数据

高等数学练习册/杨光昊,李伟,芦艺主编. —上海:复旦大学出版社,2019.8(2023.8重印)
高等职业院校公共基础课教材
ISBN 978-7-309-14531-1

Ⅰ.①高… Ⅱ.①杨…②李…③芦… Ⅲ.①高等数学-高等职业教育-习题集
Ⅳ.①O13-44

中国版本图书馆 CIP 数据核字(2019)第 166823 号

高等数学练习册
杨光昊 李 伟 芦 艺 主编
责任编辑/梁 玲

复旦大学出版社有限公司出版发行
上海市国权路 579 号 邮编:200433
网址: fupnet@ fudanpress.com http://www.fudanpress.com
门市零售:86-21-65102580 团体订购:86-21-65104505
出版部电话:86-21-65642845
常熟市华顺印刷有限公司

开本 787×1092 1/16 印张 11 字数 332 千
2023 年 8 月第 1 版第 8 次印刷

ISBN 978-7-309-14531-1/O·672
定价:19.80 元

如有印装质量问题,请向复旦大学出版社有限公司出版部调换。
版权所有 侵权必究